シリーズ 戦争学入門

戦争と技術

アレックス・ローランド 著
塚本勝也 訳

創元社

Alex Roland, *War and Technology*

War and Technology was originally published in English in 2016. This translation is published by arrangement with Oxford University Press. Sogensha, Inc. is solely responsible for this translation from the original work and Oxford University Press shall have no liability for any errors, omissions or inaccuracies or ambiguities in such translation or for any losses caused by reliance thereon.

シリーズ「戦争学入門」序言

好むと好まざるとにかかわらず、戦争は常に人類の歴史と共にあった。だが、日本では戦争について正面から研究されることは少なかったように思われる。とりわけ第二次世界大戦（太平洋戦争）での敗戦を契機として、戦争をめぐるあらゆる問題がいわばタブー視されてきた。

そうしたなか、監修者を含めてシリーズ「戦争学入門」に参画した研究者は、日本に真の意味での戦争学を構築したいと望んでいる。もちろん戦争学とは、単に戦闘の歴史、戦術、作戦、戦略、兵器などについての研究に留まるものではない。戦争が人類の営む大きな社会的な事象の一つであるからには、おのずと戦争学とは社会全般の考察、さらには人間そのものへの考察にならざるを得ない。

本シリーズは、そもそも戦争とは何か、いつから始まったのか、なぜ起きるのか、そして平和とは一体何を意味するのか、といった根源的な問題を多角的に考察することを目的としている。確認するが、戦争は人類が営む大きな社会的な事象である。そうであれば、社会の変化と戦争の様相には密接な関係性が認められるはずである。

「軍事学」でも「防衛学」でも「安全保障学」でもなく、あえて「戦争学」といった言葉を用いるのも、戦争と社会全般の関係性をめぐる学問領域の構築を目指しているからである。

具体的には、戦争と社会、戦争と人々の生活、戦争と法、戦争をめぐる思想あるいは哲学、戦争と倫理、戦争と宗教、戦争と技術、戦争と経済、戦争と文化、戦争と芸術といった領域を、理論――「横軸」――と歴史あるいは実践――「縦軸」――を文字通り縦横に駆使した、学術的かつ学際的なものが戦争学である。当然、そこには生物学や人類学、そして心理学に代表される人間そのものに向き合う学問領域も含まれる。

戦争と社会が密接に関係しているのであれば、あらゆる社会にはその社会に固有の戦争の様相、さらには、あらゆる時代にはその時代に固有の戦争の様相が現れる。そのため、二一世紀には二一世紀の社会に固有の戦争の様相、さらには戦争と平和の関係性が存在するはずである。問題は、戦争がいかなる様相を呈するかを見極めること、そして、可能であればこれを極力抑制する方策を考えることである。その意味で本シリーズには、「記述的」であると同時に「処方的」な内容のものも含まれるであろう。

また、本シリーズの目的には、戦争学を確立する過程で、平和学と知的交流を強力に推進することがある。

戦争学は、紛争の予防やその平和的解決、軍縮および軍備管理、国連に代表される国際組織によるさまざまな平和協力・人道支援活動、そして平和思想および反戦思想などもその対象とする。実は戦争学の射程は、平和学と多くの関心事項を共有しているのである。

よく考えてみれば、平和を「常態」とし、戦争を「逸脱」と捉える見方は誤りなのであろう。なるほど戦争は負の側面を多く含む事象であるものの、決して平和の影のような存在ではない。その意味において、戦争を軽視することは平和の軽視に繋がるのである。だからこそ、古代ローマの金言に「平和を欲すれば、戦争に備えよ」といったものが出てきたのであろう。

戦争をめぐる問題を多角的に探究するためには、平和学との積極的な交流が不可欠となる。戦争を研究しようと平和を研究しようと、双方とも学際的な分析手法が求められる。また、どちらも優れて政策志向的な学問領域である。戦争学と平和学の相互交流によって生まれる相乗効果が、世界が複雑化し混迷化しつつある今日ほど求められる時代はないであろう。

繰り返すが、「平和を欲すれば、戦争に備えよ」と言われる。だが、本シリーズは「平和を欲すれば、戦争を研究せよ」との確信から生まれてきたものである。なぜなら、戦争は恐ろしいものであるが、簡単には根絶できそうになく、当面はこれを「囲い込み」、「飼い慣らす」以外に方策が見当たらないからである。

シリーズ「戦争学入門」によって、長年にわたって人類を悩ませ続けてきた戦争について、その理解の一助になればと考えている。もちろん、日本において「総合芸術（Gesamtkunstwerk）」としての戦争学が、確固とした市民権を得ることを密かに期待しながら。

シリーズ監修者　石津朋之
（防衛省防衛研究所 戦史研究センター長）

謝辞

本書の初稿を書き上げたのは二〇一四年の春学期であった。その時期、私はウエスト・ポイントにあるアメリカ陸軍士官学校における歴史学の教育課程で、「技術と戦闘」と題する講義を担当していた。受講生は、テイラー・アレン、マッケンジー・ビーズリー、ジョナサン・クルシティ、モーガン・デニソン、ロバート・フィー、ジェイコブ・ファウンテン、ルーカス・ホッジ、ブライアン・フープ、アレックス・クカースキー、ジェームズ・オキーフ、アレクサンダー・リーヴス、トラヴィス・スミス、ダグラス・テイラーであった。この「技術と戦闘」という問題について自分の考えを研ぎ澄ますうえで、効果的なものとそうでなかったものを明らかにし、より明確で面白いものにするために絶えず問いかけてくれた彼ら全員に感謝したい。本書は彼らの要望を満たしきれていないかもしれないが、寄せてくれた意見のおかげで内容はさらに充実した。

　また、それぞれ著名な学者でもある四人の朋友にも無理を頼み、本書の初稿を読んで批評してもらった。ダニエル・ヘンドリク、ウェイン・リー、マシュー・モーテン、エヴェレット・ウィーラーは原稿を深く緻密に読んで有益な助言を寄せ、そのまま出版されていたら恥じ入るような作為と不作為による多くの過誤から救ってくれた。ウェイン・リーは彼の傑作である『戦争の遂行——世界史における紛争、文化、イノベーション（*Waging War: Conflict, Culture, and Innovation in World History*）』（オックスフォード大学出版、二〇一六年）で、私とほぼ重なる分野をはるかに詳細に取り扱ったところであり、とりわけ助力を得た。また、オックスフォード大学出版が依頼した三名の匿名外部査読者も建設的批判と有益な示唆を提供してくれた。それらは本書に反映したつもりである。

オックスフォード大学出版では、ナンシー・トフが熱心で良心的かつ協力的な編集者の存在が欠かせないことを教えてくれた。彼女の有能な助手であるエルダ・グラナタは、手際のよさ、有用さ、上品さの模範となる存在であった。また、原稿整理を担当した編集者のベン・サドックは、鋭敏かつ温和で熱意あふれるベテランであった。

本書の索引は、私の親友であり、協力者であり、批判者であり、支援者であり、妻であるリズに作成してもらった。私の過酷な要求に応え、明確さ、正確さ、思慮深さ、そして変わらぬ上品なユーモアをもって作業してくれた。

本書に残る誤りや欠陥は、以上の善良なる方々の責任ではない。

目次

装丁　濱崎実幸

第1章　イントロダクション

1　本書の目的

人間は生まれながらにして武器を手にしていた。新人（ホモ・サピエンス）が初めて地上を歩き出す前から、原人は意図的に武器を作り、使っていたのである。こうした武器は当然ながら狩りに使われ、おそらく戦闘にも使われたであろう。武器をはじめとする軍事技術を生み出し、活用することは、まさに人間たることの一部なのである。本書の目的は、人間の原初的経験から今日までの技術と戦闘の相互の進化をたどることにある。

技術と戦闘はまさしく物質的なものであり、人間の目的にかなうように物理的世界を操作する過程は同じである。技術は物理的世界を人間の目的に合致させることを主眼とする。戦闘は物理的な力の行使、あるいはその威嚇（いかく）によって人間の行動を左右することを目指す。この二つの現象は物理的にも物質的にも似たところがあり、こうした類似点の進化を跡付けることが本書の第二の目的である。

本書を一貫するのは、戦闘を最も変化させた変数は技術である、という中心的なテーゼである。政治、経済、イデオロギー、文化、戦略、戦術、リーダーシップ、哲学、心理学、その他多くの要素が、あらゆる戦闘をかたち作ってきた。だが、先史時代から近代までの戦闘の変化を、技術ほど完全に説明する変数はない。石器時代から核時代にいたるまで、技術が戦闘を進化させる原動力であった。

簡単な思考実験がこのような一般化を具体的にする手助けになろう。アレクサンドロス大王が二〇一〇年代に甦(よみがえ)ってアフガニスタンの征服に向かったとしよう。彼はその任に足るであろうか。アレクサンドロス大王は紀元前三三〇年に同地を征服している。マケドニアにある本国から現在のギリシャ、トルコ、シリア、東地中海(レヴァント)、エジプト、イラク、パキスタン、アフガニスタンからその先におよぶ、一三年にわたる遠征の途上のことであった。その間、アレクサンドロス大王は当時最強の軍隊と対峙し、撃破した。砂漠や山岳でも戦い、遠征中に購入することや略奪による入手が不可能な補給品はすべて輸送し、彼の征服した地域は比較的平和で政治的に安定していた。この遠征は、アレクサンドロス大王が歴史上の偉大な指揮官の一人であり、明らかに戦闘の技芸(アート)の達人であったことを裏付けている。

戦闘を研究する人々が「戦争の原則」と呼ぶものをアレクサンドロス大王が理解し、適用していたのは明らかである。こうした原則のリストはさまざまである。だが、いずれも『アメリカ陸軍野戦教範三―〇（二〇一一年）』に記された、①目的、②攻勢、③集中〔戦力が発揮する効果を特定の時点や地点に集中させること〕、④戦力の経済性、⑤機動、⑥指揮の統一、⑦保安〔戦闘力を維持するため、奇襲、破壊活動、妨害行為などから部隊を保護すること〕、⑧奇襲、⑨簡潔性、という九つの原則に近い。これらの原則は実際には戦闘の法則ではなく、むしろチェックリストにまとめられた、分析のための分類であろう。しかし、専門家はこれらの原則を成功の鍵とみなしてきた。アントワーヌ・アンリ・ジョミニ男爵（ナポレオンの部下であり、弟子であった）は、「原則は不変であり、使用される武器の性質、時代、場所に関わらない」と述べた。もし、アレクサンドロス大王が紀元前四世紀にこの原則を体得していたなら、二一世紀でも同じく効果的に活用できるのはたしかであろう。原則は彼に考える内容ではなく、考慮すべき点を常に示してくれる。アレクサンドロス大王が古代と同様、現代世界でもぬかりなく原則に配慮することは疑いない。

だが、技術となると話は変わってくる。現代に甦ったアレクサンドロス大王に知識がなく、学べないことがあるとすれば、それは技術であろうか。発展した現代世界の住人であれば、これらの技術に関して暗黙の知識を体得している。つまり、飛行機やヘリコプターがどうして空中に浮かんでいられるのか、人工衛星はなぜ軌道を回るのか、どのように物が爆発するのか、電磁スペクトルでなしうることは何か、といったことについて意識せずに理解している。アレクサンドロス大王のアフガニスタンでの戦いは、そうした不可思議なことを理解する間もなく終わるであろう。技術以外であれば、近代戦のあらゆることについて彼はすでに知っているか、もしくは把握できるであろう。だが、技術一つで近代戦は彼の生涯を通じて知った戦闘とは理解しがたいほど違ったものとなろう。ジョミニが認めたように、戦闘の基本は時間を超越した不変のものである。だが、技術は不断に変化し、その過程で戦闘を変容させてきた。この変数こそがアレクサンドロス大王を無力にするのである。本書は、こうした変化がどのようにして、なぜ人間の歴史の流れのなかで実際に起こったのかを明らかにする試みである。

2　本書の方針

ここから先の記述は、読者に得るものがあることを願っているが、いくぶん恣意的な方針に基づいている。第一に、本書は古い時代に偏っている。つまり、近代より古い戦闘を重視したものになっている。その遠い過去にまとまった概念が人間の慣行に根を下ろしたのである。こうした概念は、巻末の用語集にまとめられているが、近代の軍事技術をめぐる複雑な世界を理解する鍵になるというのが本書の前提の一つである。第二に、ある下位命題により、軍事技術の変化がもたらす影響のうち、最も重要であるが一見すると矛盾している点が明らかになる。歴史を通じ、優れた技術は勝利を得るうえで有利な場合が多いが、勝利を保証するものではない。「新しい」「優れた」軍事技術が必ず勝者になるわけではない。戦闘における技術は何らかの絶対的な効果を測る天秤にかけられていないのである。むしろ、その価値は敵の能力と関係がある。戦闘を決闘とみなし、それも双方が自分の武器を選ぶものとして考えてみる。好ましい交戦規則（規則がまったくないというものも含む）に加え、戦いの戦略、戦術、政治、外交、環境などの条件も、選んだ武器によってお互いが影響を受ける。たとえば、一方が拳銃を、他方が剣を選べば、その結果は初めから実質的に決まっている。もし後者が剣の代わりにライフルを選べば、見込まれる結果も逆転する。拳銃の技術自体に変化はなくとも、その相対的な効果で劣ることになる。

　本書は、技術と戦闘が歴史的に相互作用してきた点も述べる。戦闘は技術を変化させ、技術も戦闘を変化させてきた。この双方向的発展は先史時代から始まり、新石器時代、古代、古典古代、中世、近世、近代へと続く、通説にしたがってはいるが、多少単純化した時代区分で検討される。この基本的な年代区分を横断するのが、軍事技術に特有の時代区分である。読者は、筋力から風力、炭素による化学反応、そして原子力にいたる、軍事技術を発展させたエネルギーの形態をたどっていくことになる。戦闘が行われる物理的領域も独自の時代区分をもたらす。最も古く、複雑な形態である陸戦は歴史も一番長い。陸戦については従来型の時代区分に加え、本書で着目する二つの「諸兵科連合パラダイム」と、二つの「軍事革命」のうちの二つでさらに区分される。それ以降の時代に出現する海、空、宇宙での戦闘は、陸を含めた四つの領域での戦闘が収斂（しゅうれん）する第二次世界大戦で締めくくられる。最後に、研究開発、軍民両用（デュアルユース）技術、軍事革命という、軍事技術の性質の変化に関する三つの論点について見解を示す。

　本書で用いられる「戦闘（warfare）」とは、敵に対する戦争行為である。それは、敵の命を奪う、敵を捕まえる、あるいは敵を自らの意思にしたがわせるために武力の行使、あるいは威嚇（いかく）を行うことである。それゆえ、戦闘は一般的には戦争状態で行われる活動のことをいう。マックス・ウェーバーの古典的な定義によれば、「戦争（war）」は国家間の組織的な武力紛争である。国家は自国の領土における軍事力の独占を主張する政治的存在である。今や数多くの非国家主体が戦争に類するものに関わっているように見えるため、戦争を共同体の間で生じる状況として定義するのが流行（はや）っている。だが、本書の目的にはウェーバーの定義で十分である。戦争は状況であり、戦闘は活動である。

「技術」の意味は多少あいまいになる。本書では、人間による物理的な世界に対する意図的な操作のことを技術とする。技術には、何らかの技術で何らかの道具や機械を通じた力の作用によって何らかの物質を変化させることが含まれる。つまり、物質的世界を人間の目的に役立てるように変えていく過程が技術である。一部の技術には、思考、概念、心情、関係、信念、感情などの人間の性質に作用する副次的な影響があるかもしれない。しかし、物質的世界が変化しないかぎりは技術ではない。つまり、人間の活動のなかで最も物質的なものが技術である。戦闘もまさしくそうである。事実、戦闘と技術の両方が戦争の結果を左右する、あるいは決定づけることすらもありうる。しかし、双方とも戦争とはいえない。戦争は、クラウゼヴィッツが喝破（かっぱ）したように、他の手段をもってする政治の延長かもしれない。だが、戦闘とその技術も他の手段をもってする戦争の延長である。これらの手段は必然的にかなり物質的なものである。

戦闘という旗印の下で行われる活動の一部には、その名にふさわしいものもあるし、そぐわないものもあるであろう。たとえば、後述するサイバー戦は物質的世界を変えるために技術を用いることはたしかであるが、戦闘と呼べる水準には達していない。テロリズムは戦争の一形態ではなく、戦争で用いられる可能性のある手法、あるいは個人的な憤り（いきどお）や狂気の手段かもしれない。テロリストには宣戦布告できるかもしれないが、テロに対してはしないであろう。心理戦は物質よりも思考を操るものであり、技術も使われるかもしれないが不可欠なものではない。

最後に、注意すべき定義がある。技術の集成品（artifact）について技術そのものとして言及されることが多い。航空母艦（空母）や戦車、爆撃機を想起してみよう。これらの技術集成品は、航行、射撃、爆撃を行う技術システムで構成されているかもしれないが、それら自体が技術というわけではない。本書においてこの区別は重要である。なぜなら、戦闘の歴史において要塞や道路は最も重要な技術集成品だからである。本書では、こうした技術集成品やそれらを生み出した技術がしばしば登場することになる。

本書で光を当てる歴史的記録は主に西洋のものであり、著者にとって最も知見がある歴史であるし、証拠も豊富である。だが、本書で提示される議論や概念には普遍性があるということを前提としている点を記しておく。

第2章 陸戦

1 先史時代の戦闘

武器の発明

文明の夜明け以前の技術と戦闘について確実に言えることは少ない。だが、それでもいくつかのパターンを先史時代の彼方に見出すことができる。一九九〇年代に驚くべき手がかりの一つが、ドイツのヘルムシュテットにある露天掘り褐炭鉱から出土した。その炭鉱の名前からとられた「シェーニンゲン・プロジェクト」によって、かつての湖の堆積層に三〇万年にわたって埋蔵されていた木製の投げ槍が一一本も発掘されたのである。トウヒや松の木が、一・八メートルから二・五メートルの長さの不規則で先の尖った棒状に加工されていた。最も注目すべきは、その槍の形状が現代の投げ槍のように先が細くなっており、正確に飛ぶように重心が前の方にあったことである。ハイデルベルク人が上手から投げられたなら、この投げ槍は三五メートル先まで届いた可能性もある。

これらの技術集成品(アーティファクト)により、先史時代における武器の技術に関して多くの重要なことがわかる。第一に、新人が出現する一〇万年前、あるいは二〇万年前から、原人は自然に手を加えてきたということである。数多くの技術集成品の証拠が物語るのは、原人が石や骨を武器として使い、中石器時代や新石器時代には石を便利な形状に人工的に加工していたということである。当然ながら木も同じく加工されたと考えられるものの、木製の技術集成品のほとんどは遠い昔に腐敗してしまっている。シェーニンゲンで発見された槍により、木にはもっと早い時期にさらに精巧な加工がなされていたことが明らかに証明された。これらの槍は、木で作られた槍、長柄槍(パイク)(刺突を目的とした槍)、棍棒、そしてナイフすらもが、原人と新人の間の時期に存在していたことを示唆する証拠となっている。槍などの武器が狩猟、もしくは戦闘、あるいはその両方に使われたかどうかについては明確ではない。だが、新人が生まれながらに武器を手にしていた、という点については、今やより確実に推測できるのである。

それに次ぐ大きな問題で、いまだに考古資料で解明されていないのは、石器時代の武器は狩猟用だったのか、それとも戦闘用なのか、あるいは双方に使われたのかという点である。現存する信頼性の高い証拠――骨、石、洞窟の壁画――のほとんどは、中石器時代の末期、あるいは新石器時代に属するものであり、今からおよそ二万年前から六〇〇〇年前の時期である。その時期には明らかに狩猟と戦闘の双方に武器が用いられるようになっていた。一方の目的に使われていた武器が、他方の目的には使われなかったと信じる理由もない。多少の証拠が残っている毒矢については、おそ

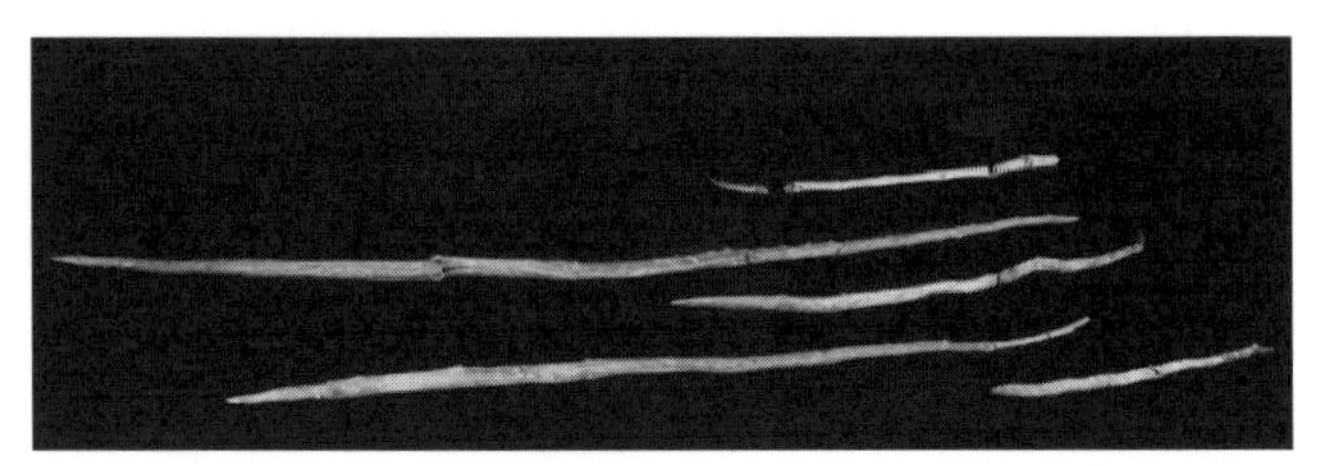

図1　これまで発見された最古の武器であるシェーニンゲンの槍は、狩猟と戦闘に有用な両用技術の集成品であった。これらは今から30万年前の中央ヨーロッパにいたハイデルベルグ人によって用いられ、人類が生まれながらにして武装していたことを如実に示している。

らく非食用の対象向けだったであろう。しかし、先史時代の武器の大部分――投石器、槍、長柄槍、棍棒、ナイフ、斧、槌矛（メイス）、投槍器、ウーメラ［オーストラリアのアボリジニが使う木製の投槍器］――は、我々が現在（軍民）両用技術と呼ぶものの先駆けであった。これらは、軍用、あるいは民生用の目的に活用できる技術である。こうした武器の一部は戦闘のために考え出され、狩猟に転用されたと考えることは難しくなく、その逆も同じである。

こうした一般化は、先史時代で最高の軍事技術であった弓矢にも可能である。弓矢は今から四万年以上前の旧石器時代に発明され、現在にいたるまで狩猟と戦闘の両面でいまだに使われている。弓矢を除く先史時代の兵器は道具であったが、弓矢は機械であった。弓矢には可動部分があり、エネルギーを貯えられる。弓矢以外の兵器は直感的であったが、弓矢は自然界には存在しない何かを具現化するという、想像の飛躍が必要であった。この創造性の驚くべき産物が一度に発明され、世界中の人間社会に普及していったのか、それとも各地の才覚者によって何度も発明されたのかはわからない。ギリシャ人とローマ人が思い描いた武器作りの神――ギリシャ人にとってはヘーパイストス、ローマ人にとってはウゥールカヌス――は鍛冶屋であり、金属工であった。しかし、本当の武器作りの神は、弓矢を発明した旧石器時代のエジソンだったのである。

衝撃武器と投擲武器

先史時代における武器の秘密の多くはいまだに明らかになっていない。だが、わずかとはいえ現在判明していることで、技術と戦闘の根源に関して多少の一般化はできる。第一に、すでに述べたように、こうした死の技術の大部分がおそらく両用技術であったということである。第二に、そうした技術には投擲（とうてき）武器と衝撃武器の双方が含まれており、この区別は現在まで続いている。投擲武器は離れたところでも効果があり、狩人や戦士を危険から遠ざけるのに役立つ。殴ったり、刺したりする道具である衝撃武器は殺傷力で上回るが、その使い手が目標に近づく必要がある。もし目標が先史時代の人間にとって格好の獲物であった大型動物か、敵の戦士の場合、危うい戦いになる可能性があった。投げ槍（アセガイ）を投げずに刺す武器に変えて「黒人のナポレオン」と呼ばれたシャカ・ズールーから、小火器の弾薬が尽きて白兵戦のために銃剣を取り付けた近代の兵士にいたるまで、このジレンマは人類の歴史に一貫して存在している。

投擲武器と衝撃武器を対比することで先史時代の狩猟と戦闘に関する第三の特徴も明らかになる。一九世紀や二〇世紀になっても先史時代の武器で戦っていた社会を対象とした研究から推測されるのは、一般的には一撃離脱が最高の戦術ということである。大型動物や敵の戦士は危険な存在であり、この双方を絶命させる最良の方法は待ち伏せで奇襲攻撃し、投擲武器と衝撃武器によってできるかぎり損耗させ、その後は必死に逃げるというものである。もし攻撃が成功すれば、あとで敵の死体を回収し、負傷者にとどめを刺せる。攻撃が失敗すれば再戦を期すために生き残る。人類の歴史において、待ち伏せは相対的に力で劣る側が強力な敵を攻撃せざるを得ない非対称戦で好まれる戦法である。二一世紀においても、即席爆発装置（ＩＥＤ）は新たなシェーニンゲンの槍、つまり待ち伏せの手段になっている。

2　古代の戦闘

新石器革命がレヴァント、つまり地中海東部の地域に到来したのは紀元前一万年であり、紀元前四〇〇〇年代中盤まで続いた。この六〇〇〇年の間に、東地中海の住民は農耕と牧畜、そして渓谷での定住を学んだ。彼らは村落を形成し、これらはのちに都市へと発展していく。早い時期に形成された村落の住民の一部は牧畜を行っていたが、渓谷からその周辺にある高台に移住して、農耕民と定住地を離れて放浪を続けていた狩猟採集民の間に広がる地域で家畜を飼育するようになった。これら三つの人間集団――狩猟採集民、牧畜民、農耕民――は、集団内および集団同士で戦うために軍事技術を発展させた。

城塞の出現

初期文明の定住農民は、要塞という古代の世界で最も重要な軍事技術を生み出した。要塞以外の軍事技術は戦闘や戦争の勝敗を決する働きをしたものの、要塞は戦争や戦闘がそもそも起こるかどうかを左右した。農耕民が植物の栽培や家畜の飼育のために定住社会を形成すると、彼らは必要最低限以上の所有物を蓄えるようになった。簡素な住居を、余剰の農産物、衣服、宝石、調理道具や食器、家具が満たすようになった。住居は大きくなっていった。それらを奪おうとする動物や人間が荒野をさまよい、食料や財物の集積地を襲った。最も単純な防御は木の棒を地面に刺して並べて縛ったものであった。質素な住居や壁が木ではなく、泥や石で作られるようになると、新たな建築技術が生まれた。そうした技術は、都市国家の基礎となる巨大建築へと発展していった。この技術は最初に城壁を作るために発達し、その後に住居や公共の建築物に採用されたのか、あるいはその逆の方向で発達したのかは興味深い問題である。おそらく、祭壇や神殿が最初に作られ、同じ材料や技術が集落を要塞化するのに使われたのであろう。いずれにせよ、恒久的な巨大公共建築物という両用技術は最初の偉大な文明の象徴となった。実のところ、文明（シビリゼーション）という言葉は、ラテン語の「都市」に由来している。

その最古の典型的事例は場所、時代ともに例外的な存在であった。エリコでは、新石器革命における他の定住地と同じく、植物の栽培と家畜の飼育が試みられたと考えられる。だが、他と異なっていたのは、死海北方にあるヨルダン川渓谷のオアシスにあった拠点を要塞化した点である。紀元前八〇〇〇年までには、約四万平方メートルの街に約二～三〇〇〇人の住民が住み、厚さ一・五メートル、高さ三・七～四・六メートルの石壁による防御の恩恵を受けていた。こうした石壁の一つに沿って、地面から八・五メートルの高さの塔が建てられた。その内部には、見張りが上に登って遠く郊外までを監視するために階段が設けられていた。石器時代のエリコの住民は、彼らが何者で、なぜ、どのようにして、前例のない防御的な建造物を建設するようになったのかを説き明かす記録を残さなかった。

エリコは複数の交易路の交差する場所にあったため、流浪の民がこの街を襲ったかもしれないが、我々にはうかがい知ることはできない。だが、考古学的調査により、この壁は［エリコの壁が崩壊したという］聖書による伝承の時期より早いものの、紀元前一六世紀か一五世紀になるまで崩れなかったことがわかっている。つまり、エリコの壁は六〇〇〇年以上にわたって有効だったのである。その間、同地の住民は二回入れ替わっているものの、暴力的な侵略によってではなかった。

ユーフラテス川河畔の古代都市国家ウルクは、初期の大規模な要塞に関してエリコよりもさらに多くの知見をもたらしている。ウルクは青銅器時代中期の紀元前二九〇〇年頃に栄えた。現代考古学によって、このまさしく巨大な都市に関して信頼性の高い技術集成品の遺物が発見されており、文書として残る創設神話と関連づけることができる。これら二つの情報源により、巨大な建造物に関する技術と、それが社会において果たした役割が明らかになる。

ホメロスの『イーリアス』と同じく、『ギルガメシュ叙事詩』はまず口頭で伝承され、その伝える内容を目の当たりにしていない人々の手で後世にさまざまな記述がなされた。数十年にわたる学術研究により、その基になった神話に関して幅広い一致がみられ、それがどのような意味を持ちうるかについて多くの説が生まれた。ギルガメシュは実在の人物であり、紀元前三五〇〇年から三〇〇〇年までにウルクというメソポタミアの王国を支配していたことはほぼ確実である。それ以外の彼の物語については、真偽の疑わしい伝説の「もみ殻」から歴史的に妥当な「麦」を選り分けるため、慎重な読者はふるいにかける必要がある。だが、伝説ですらも有益である。三分の二が神であ

図2　死海北方の平野に出現した古代都市のエリコ、現在のテル・エッ・スルタンは、先史時代における要塞化された都市の先駆けの一つであり、人類の歴史で戦争と戦闘に影響を与えた非武器技術の集成品である。この写真は、エリコの城壁の一部と平野を見渡していた高さ約4mの塔の上部を示している。

り、残りの三分の一が人間とされるギルガメシュは、ウルクを一二六年間にわたって支配したという。ギルガメシュが名声と不死を求めて数々の英雄的な冒険を行ったことを彼の叙事詩は伝えている。ある冒険では、冥界へと続く地下の川も支配していた邪悪な神フンババが守る香柏の森にギルガメシュが導かれる。この香柏の森は、現在のトルコにあたるユーフラテス川上流のヌル山脈にあった可能性が最も高い。この冒険に同行したのが、文明に魅せられた野人のエンキドゥである。二人がフンババに遭遇すると、ギルガメシュは善の神の手で作られた魔法の武器でフンババを倒したが、エンキドゥは死を意味するフンババの視線を避けられなかった。ギルガメシュは不死を求め冥界に向かうが、自分もエンキドゥのあとを追って最終的には死を迎えることを悟りつつ戻ってきた。『ギルガメシュ叙事詩』は愛や生死について語る一方で、青銅器時代のメソポタミアにおいて、より物質的になった世界にも光を当てている。ギルガメシュは、ウルクの城門に必要な木材と、ウルク自体とその城壁の建設に使う粘土の煉瓦を焼く窯の薪を手に入れるために香柏の森に向かった。ギルガメシュはウルクの硬く焼結された煉瓦をしばしば自慢している。そうした煉瓦は、その生産に必要な薪を入手する富や勇気がある者にしか手の届かない贅沢品であった。ギルガメシュの時代には、ウルクは全長五・五キロメートルの城壁で、六平方キロメートルが囲われており、エリコの約二二〇倍の規模を誇っていた。その人口はギルガメシュの時代で八万人を超えており、世界最大の都市であった。ウルクの周囲にめぐらされた濠は侵略者に対するさらなる障壁となり、城壁の下を掘ろうとしても水で溺れるおそれがあった。厚さ七・六メートルの壁の内側には、巨大な民生用の建物や神殿などの公共建造物があって、共同体向けの機能を果たしたり、見る者を畏怖させたりする目的があった。ギルガメシュは「城壁を作りし者」という称号を何よりも大切にしていた。彼はウルクの安全と繁栄を保証した技術を極めた達人であった。ギルガメシュは、魔法の武器でもたらされた武力よりも、自らが築いた「強固な城壁のウルク」という要塞から名声を得ていたのである。当然ながら、この頃には先史時代の戦闘が、マックス・ウェーバーのいうところの国家間の組織的な武力紛争へと転じていたことは明らかであった。

青銅器製の武器

バビロンやニネヴェなどの都市の周辺における紛争が巨大な城塞で様変わりした一方で、別の二つの軍事技術によって野戦が一変した。人間や動物の肉体を刺し貫くことを目的に石でできた鏃（やじり）、槍、ナイフなどの道具は、時代の名称にもなった青銅器に置き換わった。さらに、青銅によってまったく新しい兵器、つまり剣が手に入った。それまでの刺突兵器は、石や骨で作られたもので、その重みや脆（もろ）さゆえに長さに制約があった。銅と錫（すず）の合金である青銅は、刺突や斬撃が容易になるよう、左右両側に六〇～九〇センチメートルにわたって刃をつけ、先を尖らせることができた。新たな文明による最初期の文献には、明らかによく練られた建国神話があり、そこでは神のような能力をもつ英雄が、神々から与えられた超自然的な力の宿る武器を使う。たとえば、ギルガメシュは神々によって作られた、貴重なアンシャンの木でできた弓と「英雄の力」という斧を持っていた。伝承ではギルガメシュの武器は二七〇キログラムもの重さがあるとされ、半神である彼以外にはうまく使うことはもちろん、持ち上げることさえできない代物なのは明らかであった。世界中のあらゆる軍事技術のなかでも、伝説、物語、神話において剣ほど象徴的な意味をすぐに帯びるようになったものはない。アーサー王の聖剣エクスカリバーから、日本の本庄正宗［刀匠正宗の作とされ、上杉家の家臣であった本庄繁長の名をとった名刀］にいたるまで、剣以上に戦闘をロマンあふれるものにした存在はない。今でも世界中の兵士が着飾ってパレードする際には剣を帯びる。これは、特定の武器によって美徳、正義、名誉、あるいは信仰心ですら勝利へと昇華させることができると戦士が信じていた――もしくは信じたかった――時代を思い起こさせる。あるいはその逆に、魔法の剣は神による加護の証だったのかもしれない。現代の兵士もいまだに兵器に、神(ゼウス)、愛国者(パトリオット)、聖戦士(クルセーダー)、平和の創造者(ピースメーカー)などと名付けている。

チャリオットの発達

青銅器時代で最高の武器は、新たな文明から生まれたわけでも、青銅から作られたものでもなかった。木製のチャリオット［戦闘用馬車］がユーラシア大陸のステップ［平原地帯］で発達し、偶然に、思いがけないかたちで、紀元前七世紀に忽然(こつぜん)と東地中海に現れた。メソポタミアには軍用荷車が紀元前四〇〇〇年からあるにはあった。だが、軍用荷車はスポークやすき間のない車輪が四つ取り付けられた重い車両で、これをロバや牛が牽(ひ)いて、兵員や装備を戦場までゆっくりと運んだとみられる。これに対してチャリオットは、二頭ないし四頭の馬が牽引してスポークのついた二つの車輪で戦場を駆けめぐり、兵士がその行く手を避けられないほど速かった。チャリオットは歩兵隊の先回りをするか、それを突破して、前に立ちふさがる敵を一掃した。このチャリオットを前にして敵は屈服するか、さもなければ同じ装備を導入するしかなかった。歴史家のウィリアム・マクニールがいう古代の「超兵器」は、大国あるいはその座をうかがう国家を、約六〇〇年におよぶ史上空前の軍備競争へと追い込んだ。国家は競争に勝つために、木のまばらな地域で精巧な木工技術を磨き、馬の生息しない地域で馬を集め、自国の防衛および対外的な作戦のために工場、厩舎（きゅうしゃ）、修理施設を建設しなければならなかった。この外来兵器への需要は大きく、自前の常備軍向けの技術が得られない、あるいは資金的余裕がない国家に役務と装備を売り込む国際的な傭兵階級であるマリヤンヌが登場した。ソロモン王は一四〇〇両のチャリオットを集結させたと伝えられている。

ある説によれば、チャリオットによる史上最大の戦いが紀元前一三世紀初めに起こったという「カデシュの戦い」。この戦いでは、エジプトのラムセス二世とヒッタイトの大王ムワタリが率いるチャリオット部隊が、現在のシリアにあたるオロンテス川河畔のカデシュ近郊で交戦した。この戦いは謎に包まれており、論争もある。しかし、数千台のチャリオットと数万人の兵士が参加した会戦においてラムセス二世が危機に陥り、エジプトへの撤退を余儀なくされて最高潮に達したのはほぼ疑いない。この世紀の決戦では準文明国であったヒッタイトに軍配があがった。

驚くべきことに、世界史上最も重要な兵器の一つであるにもかかわらず、チャリオットが戦闘でどのように使われたか、確かなことはわかっていない。現在は兵器プラットフォームとして使ったという見方が大勢を占めている。一人が敵部隊の近くまでチャリオットを操縦しつつ、同乗する一人ないし二人が投擲武器——弓矢、あるいは投げ槍——を敵の隊列めがけて放つというものである。もう一つの説は「ジープ」、つまり貴族階級の兵士を戦場まで運び、その後、降車して戦うという用途である。このようなチャリオットの活用法は『イーリアス』にも描かれており、青銅器時代末

図3　チャリオットは紀元前2000年における戦闘に革命を起こした。ファラオであったラムセス二世のカデシュの戦いにおける描写は、彼の矢で倒されたヒッタイトの兵士の死体を蹂躙する姿を示している。両用技術であったチャリオットは世界最初の陸上兵器プラットフォームであった。

期にアキレスがヘクトルとの一騎打ちを申し入れるため、トロイの城壁までチャリオットで向かったのはその一例である。アキレスはトロイの総大将であるヘクトルを倒すと、その遺体をチャリオットの後ろにつなぎ、城壁の周りを引きずりまわした。もう一つの可能性はチャリオットで衝撃を与える方法であり、チャリオットを敵の歩兵隊の隊列に突進させ、その間に車上の弓兵や槍兵が敵兵に攻撃を加えるというものである。

どのような使用法にせよ、チャリオットはその出現よりも急速に東地中海から姿を消した。紀元前一二〇〇年頃を境に、チャリオットは東地中海の戦場で支配的地位を失い、復権することはなかった。その技術は東地中海の東西に拡散し、その後、インド、中国、ギリシャ、ローマ、ヨーロッパ本土だけでなく、イングランドやアイルランドでさえも活用された。しかし、これらの地域の戦場からもついには姿を消し、狩猟、儀式、輸送に加え、競走などのスポーツに転用された。あれほど強力な兵器システムの劇的かつ急速な衰退を引き起こしたのは何だったのであろうか。紀元前一二〇〇年は青銅器時代から鉄器時代へのまさしく移行期であったため、一部の学者は鉄製の新兵器によって歩兵がチャリオットに対抗できるようになったと推測している。しかし、この解釈は支持を失っている。それに代わって、経済的な説明、つまり、チャリオットの軍備競争はいずれの国にとっても法外な費用がかかるものであり、最終的には資力が尽きたという説が台頭した。他の学者は、「破局(カタストロフ)」として知られる出来事を変化の要因として指摘している。紀元前一二〇〇年頃には、環境や気候による影響で駆り立てられた蛮族の軍勢が、ユーラシア大陸のステップから黒海、エーゲ海、東地中海に囲まれた南西アジアの各地に何度か押し寄せた。彼らの進出によって当該地域の住民は追い出され、それによってさらに南方に住む周辺住民にしわ寄せがきて、強制的な移住と侵略の連鎖を生み出した。それが紀元前一三世紀にエジプト沿岸に押し寄せた「海の民」のうねりとなって頂点に達した。ラムセス三世はこの海からの侵略者をチャリオットに乗って迎え撃ったが、これが東地中海におけるこの超兵器のささやかな花道になった。

チャリオットの衰退をめぐる諸説のうち、あらゆる証拠と一致すると考えられるのは、新たな歩兵戦術が出現したとする説であろう。この戦術をもたらしたのは、おそらく破局を引き起こしたステップの兵士であった。彼らは馬の乗り手であったため、陣地を固める人間の壁、あるいは密集した横隊には馬が突進しないことを知っていたのではないかと思われる。もしチャリオットが実際には威嚇を目的として使われていて、かたや当時の歩兵隊が持ち場で踏みとどまりさえすればチャリオットを止められることを学習していたなら――新しい鉄製武器を得て意を強くしていたであろう――チャリオットの威力は途端に失われたかもしれない。おそらくチャリオットは最初から物理的な打撃ではなく、心理的な衝撃を狙った威嚇兵器だったのであろう。

チャリオットによる軍事革命

いずれにせよ、チャリオットは東地中海の戦闘で重視されなくなり、前線の背後、道路、あるいはパレードで補助的役割に回るか、サーカスや狩猟で使われるようになった。だが、西洋での戦いを短期間とはいえ劇的なかたちで支配し、軍事革命の一つを引き起こした。チャリオットは本書で注目する三つの軍事革命の最初のものとなった。ここで用いられる「軍事革命」は、重大かつ広範囲におよぶ戦闘の変化のことであり、国家と強制力へのアクセスの関係を変えることを通じて戦闘の性質を再定義するだけでなく、歴史の流れをも変えるものを指す。ウィリアム・マクニールが述べたように、チャリオットは「ユーラシア大陸の社会バランス全体を変容させた」のである。そうした変化をもたらした一方で、技術と戦闘の歴史においてしばしば繰り返される多くの問題ももたらした。

第一に、チャリオットはまさしく革命的な兵器であった。チャリオットの到達可能な地域に存在するあらゆる国家が、チャリオットを導入するか、あるいはそれに対抗するか、もしくはチャリオットを保有する国家と和平を結ぶかを迫られた。本書の用語を使えば、戦ううえでの選択肢は対称戦か非対称戦であった。非対称戦には対抗するための技術か手法が必要であった。だが、チャリオットを防ぐ手段は約六百年間現れなかった。むしろ、いずれの国家もチャリオットを導入した。こうした反応は、チャリオットが本物の革命であることを示す一つの目安であった。つまり、二〇世紀における冷戦期の軍備競争のように、国家は対称戦を選んだのである。第二に、チャリオットは文明国ではなく、蛮族によって生み出された。軍事技術のイノベーションの歴史は全体的に文明を中心としたものであり、未開国に対する優位を文明国にもたらすのが普通であった。だが、チャリオットの場合、ユーラシア大陸のステップに住む蛮族が革命を引き起こした。馬を家畜化したのち、戦闘車両に馬をつないだのである。文明国がこの新技術に遭遇すると、それを受容するか、さもなければ屈服するしかなかった。

第三に、チャリオットに対抗する技術は、その影響力が弱まる紀元前一二〇〇年まで存在しなかったとみられる。一部の軍隊はチャリオットが活躍できない地形を探したであろうが、対チャリオット技術は存在しなかった。チャリオットは対称的にチャリオットと戦ったのである。第四に、この技術は、ステップから東地中海へ、それからユーラシア大陸におけるほとんどの文明へと相対的にかなり早く拡散した。チャリオットは、それを導入するか、あるいは屈服するかの選択肢を軍事的指導者に迫ったようである。第五に、チャリオットの技術はそれに内在する限界、あるいは革新的な対抗措置による制約を受けた。チャリオットはそれ自体の費用、あるいは兵士がそれを防ぐ手法を考案したことで衰退したのである。

第六に、剣と同じく、チャリオットも文化横断的な象徴的価値をもつようになった。エジプトのファラオは狩猟であろうが、戦争であろうが、チャリオットに乗った自身の姿が描かれるようにした。チャリオットは、支配、権力、勝利といった、好ましい雰囲気を醸し出そうとする文民や軍人の指導者にとって格好の乗物となったのである。第七に、チャリオットによって二一世紀まで続く騎兵と歩兵の周期(サイクル)が始まった。とくに西洋で記録されている長い歴史において、騎兵、あるいは歩兵が交代で戦闘を支配してきたが、双方がそれぞれの時代で戦場を支配した兵器システムを順次用いている。チャリオットがステップから馬蹄を響かせて迫ってくると、最初の騎兵の周期が始まった。そして、チャリオットの衰退により、東地中海に歩兵の周期が戻ってきたのである。以下では一つの周期から次の周期へと歴史を動かす諸力、とりわけ技術を明らかにし、説明することを試みていく。第八に、両用技術に関しては、チャリオットは単なる両用技術にとどまらず、むしろ五つの用途をもつ技術となり、戦争、輸送、狩猟、儀式、スポーツに使われたのである。ステップの遊牧民はチャリオットを狩猟のために生み出したが、彼ら以外の人間が別の使用法を見つけたのであろう。最後に、チャリオットは陸戦の兵器プラットフォームの嚆矢(こうし)であった。陸戦で二〇世紀に戦車(タンク)が登場するまで、チャリオットに匹敵するものは出現しなかった。とはいえ、チャリオットはその社会的・軍事的機能の面で海軍艦艇、軍用機、宇宙船の先駆けであった。これら他の領域のプラットフォームと同様に、チャリオットには車両の操縦とは別に武器を操作する乗員が必要であった。チャリオットは時代をかなり先取りした存在だったのである。

3　最初の諸兵科連合パラダイム

紀元前一二〇〇年頃の破局によって、東地中海は経済、政治、軍事、技術の面で停滞した「暗黒時代」に突入した。チャリオットの衰退以降、諸兵科連合パラダイムの下での陸戦では軍事的なイノベーションによる変化はなかった。中世の末期まで、文明国の野戦軍の中核をなしていたのは、騎兵や軽歩兵といった補助戦力に支援された、歩兵の密集隊（ファランクス）を中心とする軍事力であった。一〇〇〇年間にわたって、これらの諸国の兵士は基本的に同じ兵器を用いた。密集隊の重装歩兵は槍と剣を装備していた。槍には、ローマのピルム（まさしく投げ槍）のような投擲武器から、マケドニアのサリッサ——長さ六メートルの重い槍——まであった。剣については、刃渡りが短く、刺突を目的としたローマのグラディウスから、ササン朝の斬撃用長剣まであった。それ以外にもさまざまな刺突・打撃武器を接近戦用に装備していたかもしれない。重装歩兵は装甲もしていた。誰もが盾を持ち、さまざまな鎧も装着していた。そのほとんどが兜やある種の胸当て、あるいは鎖帷子（かたびら）を着用し、おそらくは（白兵戦で脛（すね）を蹴られるのを防ぐために）脛当てなどの特殊な防具も補助的に使っていたであろう。

　軽歩兵は敵の側面、あるいは正面に投擲武器の集中射撃を行い、（前哨戦をしかけて）重装歩兵を支援した可能性がある。軽歩兵による攻撃は、弓矢、投げ槍、投石器を用いて行われるのが普通であった。彼らは防御を機動力に頼っていたため、防具はあったとしてもかなり貧弱であった。騎乗兵はチャリオット、馬、あるいはラクダに乗っていた。この時期に残された記録から、少数の鎌付チャリオットが敵の歩兵隊に突入して衝撃を与えるために使われたことが明らかになっている。だが、チャリオットは投擲武器のプラットフォームとしても活用され、迂回攻撃、哨戒、偵察にも使われたかもしれない。騎兵も同じ機能を果たしていた。

この諸兵科連合パラダイムの主役は、ローマ帝国の衰退期まで歩兵であった。その後、騎兵の新たな周期が始まり、それが火薬革命まで続いた。アッシリア、ペルシャ、ギリシャ、マケドニア、ローマ、スキタイ、森林地帯やステップの蛮族、砂漠のムスリム部族は、それぞれ戦い方が異なっていたが、その違いは組織、戦術、戦略、文化にあった。古典古代と中世における陸戦は、歩兵の周期、騎兵の周期を通じて硬直的な野戦のパラダイムで固定され、基本的に同じであった。すべての国家は既存の武器や防具をそれぞれの予算、天然資源、労働や兵役可能な人的資源、戦い方に応じて導入したのである。

4 新アッシリア帝国

攻城戦におけるイノベーション

このパターンの明白な例外を通して、より大きな現象が明らかになってくる。新アッシリア帝国（紀元前九一一年～六一二年）は、完全なる軍国主義国家として成立し、世界史上初の侵略国家として足跡を残した。新アッシリア帝国は三世紀にわたって、ひたすら強欲かつ冷酷な膨張戦争を行うという点で世界基準を作った。野戦、ことに攻城戦における自覚的なイノベーションで名高い。彼らは内陸国家であった時分から軍艦を建造していた。動物の膀胱(ぼうこう)に空気を入れて浮きにし、武装したまま渡河したと描かれている。さらに、膨張を続ける帝国の各領域を結びつける道路を建設した。そして、自軍の兵士には自国が生み出せる最新かつ最高の軍服、甲冑(かっちゅう)、武器を与えた。チャリオットも、最大一二ものスポークを持った幅広の車輪で走る、より大型の重車両として復活させた。この新型車両は四人が乗り込み、メソポタミア渓谷周辺の山麓や山岳の険しい地形すら踏破できたであろう。大型化されたチャリオットにより、敵の歩兵隊に直接突っ込んで衝撃を加える戦術が発展したのかもしれない。新アッシリア帝国が、隊列を組む敵の歩兵をなぎ倒す鎌付チャリオットを先駆けて導入したという証拠もある。このようなチャリオットをめぐるイノベーションは、新アッシリア帝国が実践した残虐かつ凄惨な攻撃的戦争様式と完全に一致していた。

　新アッシリア帝国による攻城戦のイノベーションはさらに劇的であった。要塞を攻撃する従来の手段である梯子(はしご)に加えて、車輪の付いた攻城塔を導入し、自軍の兵士が城壁の上にいる防御側兵士を直接攻撃できるようにした。城門を打ち壊す衝角とともに、城壁そのものを崩す衝角も導入した。この城壁用の衝角には二種類あり、一つは城壁を突き崩すもので、もう一つはメソポタミアのほとんどの要塞で使われていた日干し煉瓦に穴をあける衝角であった。新アッシリア帝国は城壁の下に地雷の埋設すら行ったし、城壁を越えて射撃するための投石機(カタパルト)も作ったと考えられる。

だが結局のところ、新アッシリア帝国における軍事技術の開花をもってしても、野戦と攻城戦の両面で破局後以降の西洋における戦闘に定着した技術的停滞を打破できなかった。新アッシリア帝国の巧妙な攻城兵器でも、堅固な要塞がもつ力の優位を覆せなかったのである。巨大な要塞の城門まで迫った軍隊は、城内の人々を包囲し、兵糧攻めにすることができた。水源に毒を入れることも可能であった。城砦を守る兵士に恐怖を与えて降伏させるために、征服した都市の住民を虐殺することもできた。あるいは、アカイア人がトロイの木馬でやったように、内応や策略によって城門の内側に入ることも可能であった。サルゴン二世（在位紀元前七二一～七〇五年）をはじめとする新アッシリア帝国の王は、城壁の建設者としてのギルガメシュの自尊心と張り合うためか「城壁の破壊者」と自称していたが、彼らの技術で多くの都市を陥落させたとする証拠はほとんどない。古代世界における最も優れた城壁の破壊者であった、マケドニアの「攻城者デメトリウス」［デメトリウス一世］は、紀元前三〇五～三〇四年の一年間におよぶ攻城戦でロードス島の征服に失敗している。この戦いでは、当時としては最大の攻城兵器であり、複数階に投石機を装備した九階建ての移動式攻城塔を投入していた。だが、この技術の極致ですら、ロードス島の攻守両用の投石機の前に屈してしまったのである。歴史家のポール・ベントレー・カーンはこの作戦について、「古代の攻城戦は、これより一五〇〇年後の火薬の導入まで抜け出せない、技術的な袋小路に達した」と評した。新アッシリア帝国とその後継国による都市の征服では、蛮族、弱小勢力、そして中世の大帝国ですら従った古来の伝統たる包囲・圧迫の手法をほぼ踏襲していた。攻城技術は一四五三年のコンスタンティノープル陥落までこの均衡

イノベーションの背景と成果

を崩せなかったのである。

だが、新アッシリア帝国の創造性や実力は否定できない。では、この技術革新の高まりはどのように説明できるであろうか。ただ単純に新アッシリア帝国の人々の知的好奇心がこの時代に群を抜いて強かったのであろうか。この仮説は、同国の王であるアッシュールバニパル（在位紀元前六六八〜六二七年）が建設した、類まれなる図書館に支えられている。同国の人口はその野心を実現するには少なく、それが自国の軍事力を高めうる省力的な兵器の追求に走らせたのであろうか。あるいは、軍国主義国家は例外なく新たな兵器や装備を追求することに熱心なのであろうか。いずれの理由にせよ、新アッシリア帝国は多くの新たな軍事技術を導入したのである。

しかし、こうしたイノベーションによっても成功は保証されなかった。むしろ、その結果として決闘のような技術のパターンが攻城戦に持ち込まれ、それが近代まで変わらずに続いた。防御側は堅固な城壁を築く。攻撃側は城壁を越える攻城塔を作り出す。防御側は攻城塔に火をかける。攻撃側は火を防ぐために湿った動物の皮で攻城塔を覆う。一方が城壁を破るための攻城砲を作り出すと、他方は同様の兵器を攻撃側の兵器を狙うために城壁の上に配置する。これがさらに続いていく。決闘的な技術は単なる対抗技術ではなく、機械のように連続的に相互作用するイノベーションのパターンを含んでいる。第一の諸兵科連合パラダイムの大半を通じ、新アッシリア帝国は攻城に成功したと吹聴していたが、逆に防御的な要塞のほうが成功を収めることが多かったのである。

5　古典古代の戦闘

紀元前六一二年に新アッシリア帝国が滅亡してまもなく、西洋文明は本書で古代と呼ぶ時代（紀元前三五〇〇年〜紀元前五〇〇年）を経て、古典古代の時代（およそ紀元前五〇〇年〜紀元後五〇〇年）、つまりギリシャとローマの時代に入った。まだ第一の諸兵科連合パラダイムにとどまるものの、ギリシャとローマではアッシリアの攻城兵器などの軍事技術に改良を加え、さらに記録、官僚制、道路、要塞も改善した。この過程において、彼らが近代的なかたちで応用科学を創始したのは明らかであった。アッシリアには軍事技術者がいた可能性は大いにあり、それは彼らが遺した絵や技術集成品が示している。だが、応用科学が高い水準まで洗練されたことが文字の記録で確認されているのは、ギリシャとローマだけである。

ギリシャにおける攻城技術と要塞の改良

西洋文明の大半に言えることであるが、この物語も紀元前六〜紀元前四世紀のギリシャに始まる。ギリシャの都市国家の住民は、同時代の他の文明と比べて自然界を合理的に解釈し、国家の象徴として哲学、科学、政治、文化、芸術を発展させる傾向の強い文明を築きはじめた。研究者の一部は、彼らが「ギリシャの奇跡」と呼ぶものに西洋文明の根源を見出した。軍事領域では、ある歴史家は古典時代のギリシャで「西洋流の戦争方法」が創始されたとまで主張している。ほとんどの研究者はそうした主張に説得力がないと考えているものの、西洋の世界観をかたち作るようになった概念、信念、思考や感情のパターンの多くが古典時代のギリシャ文明から世にもたらされたとする点には幅広い合意がある。

　軍事技術の分野でギリシャが行った最も重要な貢献は、我々が科学的工学と呼ぶもの、つまり、数学と近代的な意味での「科学」に基づく機械や構造物の設計、製作、使用である。ヘレニズム期のギリシャは、攻城技術とその対抗的技術かつ決闘的技術でもある要塞の改良にとりわけ秀でていた。ギリシャの着想や攻城兵器は、その文化的遺産とともに地中海世界に拡散した。ローマでは共和政期、帝政期を通じてきわめて見事に定着した。同国で軍事技術は非常に重要な地位を占めており、名高きローマ軍の野戦よりも多くの面で優れていた。

　この二つの技術のうち、ギリシャとローマは一群の攻城兵器を後世に残した。衝角や移動式の武装攻城塔に加え、両者は投石機、バリスタ［弩弓］、オナガー［小型投石機］、スコーピオン［携行型弩弓］といったさまざまな種類の発射兵器を生み出した。これらの発射機は近代の火砲の先駆けであり、すべて張力、捩り力、重力のいずれかから得られたエネルギーを蓄え、放出した（張力、捩り力兵器はそれぞれ、ロープ、木材、あるいは動物の毛や腱といった有機物を伸ばすか捻っていた）。発射体を弧状の弾道で射出する投射機は、焼夷弾、動物の死骸、蛇などの不愉快なものを敵の要塞に撃ち込めたであろう。しかし、それらの兵器が城壁に大きな損傷を与えられたとは想像しがたい。直射兵器で城壁を少し崩し、おそらくは城門周辺などの弱点にいくつかすき間をあけられたであろうが、メソポタミアの城砦に使われていた日干し煉瓦でできた壁ですら簡単に穴をあけるような力はなかった。城壁を見下ろす攻城塔や城壁を崩す地雷のほうが有望視されたが、濠や火攻めのために十分な効果を発揮できなかった。これらの創意工夫にあふれた兵器の主たる効果が心理的なものだったことは大いにありえる。交渉、兵糧攻め、威嚇、計略、内応といった非技術的な手段が、引き続き攻城戦で最も効果的な方法であった可能性が高い。

だが、古典古代の軍事技術者がなした多大な貢献は、機知に富んだ攻城兵器にとどまらなかった。まず、技術によって軍事的優位がもたらされうるという信念を国王に刷り込んだことである。宮廷で職を得る技術者もいれば、その役務を地中海で売り歩く者もいた。シュラクサイのディオニュシオス一世は、軍事技術の研究開発機関を設立するほどであり、そこで投石機が生まれたとする説もある。当時最高の数学者であったアルキメデスは、ローマの攻撃からシュラクサイを守るというむなしい戦いで亡くなったが、侵攻してくる艦隊に対して太陽光線を集めて焼き討ちする反射鏡のシステムを生前に発明している。古典古代の戦争に関する話の信憑性の判断は常に難しいところだが、アルキメデスは敵艦を転覆させる梃子(てこ)の利いたクレーンすらも発明していた可能性がある。ギリシャにおけるアルキメデスらによる発明品は、効果的というよりも奇抜だったのかもしれない。

ローマ帝国の道路建設

こうした技術者による、現在では土木工学とでもいうべき分野における貢献は、なおさら印象的で実証も可能である。ローマは、地中海を囲むかたちで八万八〇〇〇キロメートルもの舗装した主要道路や支道を敷設し、ローマのレギオン(軍団)が帝国内で与えられた任務に赴く速度を向上させた。この道路は非常に巧みに設計され、標準的な規格を現地の材料や地形に適応させ、さまざまな深さ、幅、硬さがあり、高低差をできるかぎり抑えた驚くべき直線道路が生み出された。その道路を木や石でできた橋が補完していた。古典的な両用技術の集成品であるローマの道路は、同国の軍事的・戦略的な目的に役立つ一方、帝国を一体としてまとめる公用、商用、個人の交通を後押しした。ペルシャ、アッシリア、中国も、商業や戦争、政府による通行のために国家的な道路を建設し、後世のインカ帝国などもこれに続いた。だが、ドイツのアウトバーンとアメリカの州間高速道路が登場するまで、ローマの国家的道路網に匹敵するものはなかった。

　ローマ軍の兵士はこうした主要道路の多くを建設したが、同じ技能と知識を作戦にも活用した。ローマ軍は舟橋で渡河し、カエサルはゲルマン人の部族の面前で、ローマへの抵抗が無駄であることを示すために、［ゲルマン人にとって自然の防壁となっていた］ライン川に木製の橋を二度にわたって架けた。これと同じ考え方は、ローマ軍が好んだ攻城技術である、敵の城壁の上まで築かれた土の傾斜路（ランプ）にも注がれた。傾斜路はローマが発達させた古典的な攻城術であった。マサダ［古代ユダヤの要塞。周囲は崖で難攻不落と言われていた］のローマの傾斜路は現存しており、その近傍には傾斜路建設中にローマ軍を守った陣営の遺跡がはっきりと残っている。ローマの共和国軍と帝国軍は、しばしばその稚拙な指揮のせいで戦いに敗れた。たとえば、ハンニバルによってローマ本国の領土で最も悲惨な敗北のいくつかを味わった。だが、ローマは常に復活し、勝利するまで一貫して頑強に戦った。ローマが勝利を得たのは、戦闘よりも応用技術によるほうが大きかったとも言えるかもしれない。ローマにとって軍事技術は国力の一手段にとどまらず、一つの精神であり、戦い方であった。ローマはギリシャの洗練された数学に基づく工学を避け、実践的で試行錯誤を踏まえた工学を受け入れたが、その多くを実戦から学び、ドクトリンに組み入れたことは疑いない。ローマの敵が和平に応じたのは敗北したからではなく、疲弊したためであった。

ヒスパニアの剣

だが、ローマの工学上の偉業にもかかわらず、古典古代期の野戦は第一の諸兵科連合パラダイムの技術的停滞を抜け出せなかった。最も注目すべきイノベーションであっても、変わらぬ技術的形態の変種に過ぎなかった。まさしくヒスパニアの剣（グラディウス）がこれにあたる。グラディウスはローマ軍の一般的な剣であり、その前後の時期のほとんどの剣よりも短いが、時代によって長さ、刃の形状、柄、とりわけ材質が大きく異なってもいた。その来歴は軍事技術上のイノベーションを吸収しようとする強い傾向を示している。ポリュビオスによれば、ローマ人は「他者の新しい習慣を採り入れ、自分よりも他者が優れているとみなすものを模倣する熱意」については群を抜いていたという。ローマ人が第二次ポエニ戦争でイベリアの剣の特性に気が付いた時には、鋳鉄の短剣を使っていた。ハンニバル・バルカは、イベリア半島にあった、一族が有するカルタゴの植民地からローマへの侵攻を開始した。ローマ人は、スペイン由来の剣が自分たちのものより強力で、剣先や刃も長持ちすることがすぐにわかった。彼らの剣は実際、剃刀の刃のように研がれ、戦闘での効果や耐久性を高めていた。ローマはイベリアの刀鍛冶の技術を研究し、それを本国に持ち帰った。だが、彼らはトレド鋼［スペインのトレドで生産される鉄のこと］に多くの特性をもたらしたイベリアの鉄鉱石を持ち帰らなかった。それゆえ、ローマの模造品が本物のヒスパニアの剣に備わる特性を発揮することはまずなかった。そのうちローマ人は製造地であるマインツやポンペイの名をもつ小型の剣を用いるようになった。しかし、ギルガメシュの斧、ヘーパイストスやウゥールカヌスといった神々が作った武具などの伝説的な武器と同じく、ヒスパニアの剣もローマの伝承に組み込まれていった。そうした武器の超自然的な力はさておき、その存在そのものが、それらを帯びた戦士が神、あるいは神々の業(わざ)をなしていたことを示していた。

複合リカーブボウの発明と騎兵

古典古代における第一の諸兵科連合パラダイムで、ヒスパニアの剣に次いで示唆的で影響力をもつ変種は、軽騎兵の好んだ武器である複合リカーブボウであった。この弓は、これに先立って登場したチャリオットと同様、おそらくユーラシア大陸のステップの蛮族が発明したものである。リカーブボウは短弓で、両端が射手側とは逆に反った形になっており、馬や戦車に乗って射るのに適していた。射手は馬の首、あるいはチャリオットの柵の上でこの弓を簡単に動かせ、左右から射ることができた。リカーブボウも、ヒスパニアの剣と同じく、材料や製造方法によって特殊な性質を得ていた。一般的には積層構造で外側に「動物の」腱、軸に木材、内側に角を用いて、全体的な強度と力を最大限に引き出していた。これらの層は膠(にかわ)で固められ、それから全体を曲げて蒸すことで特徴的な弧状に曲げ、その構造を強固にするために被覆していた。弦を張らなくても丈が短いうえ、張ればさらに短くなるので持ち運びしやすく、射る時も動かしやすい。熟練した射手なら絶大な威力を誇り、早く正確に射ることができた。

このため、第一の諸兵科連合パラダイムそのものは変化しなかったが、パラダイム内部の技術は大きく変化した。基本となる武器や甲冑の新たな変種が、ある軍事力の組み合わせから別のものへとうつろいながら、ユーラシア大陸の戦場で現れては消えていった。古典古代のギリシャ、マケドニア帝国、共和政ローマの盛衰を通じて、西洋の軍隊の中核は重装歩兵であった。密集隊の近衛歩兵、重装歩兵、そしてその末裔（まつえい）は、そろって戦場の王のごとくであり、陸戦の駒としては最強の戦力であった。ギリシャもローマも、軽騎兵か重騎兵、あるいはその双方を基盤とする敵対勢力と南西アジアで対峙した。セレウコス朝、パルティア王国、アルメニア王国、スキタイ、ササン朝などは、リカーブボウを操る軽武装の騎兵、あるいは重武装の兵士がしばしば装甲した大型の馬に跨り、槍と衝撃をもって攻撃するカタフラクト（ギリシャ側の呼称）の軍勢を配備していた。

重騎兵は、戦闘に必要な武器を賄えた社会の構成員たる貴族や特権階級であることが多かった。密集隊の全盛期には規律の高い重装歩兵で騎兵による攻撃に対抗した。だが、四、五世紀になって西ローマ帝国の軍事的基盤が弱まると、ローマ絶頂期の一糸乱れぬ歩兵隊形から、ヨーロッパの戦場はより無秩序になり、そこでは騎兵が重要性を増した。剣、槍、弓矢、盾、甲冑からなる第一の諸兵科連合パラダイムは続いたが、重心は移り変わった。ローマ帝国の末期と中世の初期には、歩兵と騎兵の周期が再び逆転することになり、歩兵が支援にまわって騎兵が相対的に強くなった。チャリオットと同じく、変化を強いたのは騎兵戦の技術ではなく、歩兵戦の規律と訓練の低下であった。

6　中世の戦闘

五世紀のヨーロッパは、紀元前一二〇〇年の破局後の暗黒時代に匹敵する暗黒の時代となった。ローマの権威、軍事力、経済的ネットワーク、政治組織が弱体化するとともに、税制と行政が崩壊した。第一の諸兵科連合パラダイムは生き残ったが、歩兵の周期から騎兵の周期への変化は非常に緩慢になった。五世紀から一四世紀までの間に、新たな騎乗兵器システムの三つの構成要素が徐々に姿を現した。第一に、騎士の甲冑が中世末期に変容し、古典古代末期の鎖帷子（金属の輪をつないで編まれた衣服）から、百年戦争の板金鎧（プレートアーマー）を経て、最終的には一六世紀に馬と騎手の全身を覆う鎧へと移り変わった。第二に、この鎧が重かったために一一世紀から一三世紀にかけて馬の品種改良が始まり、一四世紀から一五世紀には、歴史家のR・H・C・デーヴィスが『「良馬」の時代』と称する時期をもたらした。この時期の意図的な品種改良と同時に、馬の飼料にオート麦などの穀物がより多く含まれるようになり、兵站（へいたん）にも影響がおよんだ。ユーラシア大陸のステップにいた軽武装・軽装甲の弓騎兵は自らの小型馬を牧草だけで飼育できたため、ほぼ無制限の機動性と行動範囲を誇った。だが、西洋の重騎士は武器などを運ぶ荷馬車と行動を共にする必要があった。

鐙の導入

中世の騎士の背景にあった第三の技術革新は鐙（あぶみ）であった。この単純な装具はまさに技術集成品であり、七世紀にアジアからヨーロッパ東部へ、そして八世紀に西ヨーロッパに入ってきた。中世史の研究者であるリン・ホワイト・ジュニアは、西洋における封建制の起源に関して長年にわたって支持された説を補完するのに、西洋における鐙の登場を使った。一八八七年、ドイツの歴史家であるハインリッヒ・ブルンナーは、封建制は本質的に軍事的関係に基づく社会・政治制度であったと主張した。ある土地の領主、あるいは王は、土地を家臣に（そして、おそらく彼らはその家臣に）分け与え、家臣らがその土地から得られる収入を使って騎士に必要な高価な武器や装備を購入できるようにしたのである。この土地と収入の見返りに家臣は領主に忠誠を誓い、毎年四〇日程度の軍役に就くことを約束していた。しかし、この説に批判的な立場の人々は、なぜヨーロッパの封建制は八世紀の初めに始まったのかと問いかけた。その理由としてホワイトは、その時期に西洋で初めて鐙が現れ、重武装・重装甲の騎士がヨーロッパの戦場の主力になったからだと説いた。鐙によって騎士が衝撃武器と化し、槍に体重をかけて圧倒的な破壊力で歩兵や騎兵を撃破した。領主は騎士に土地を与え、その土地から得られた収入は騎士の高価な装備の購入や従者の禄に充てられ、騎士はその見返りとして軍役を提供した。つまり、騎士は封建制の核であり、政治的、軍事的、経済的、社会的、そして法的な力が巧妙かつ特異なかたちで結合した存在であった。鐙によって騎士は戦場で無敵となり、騎士によって封建制は強化されたのである。

過去半世紀にわたり、ブルンナーとホワイトの説に反する立場での研究が多数を占めた。それらは、①騎士は鐙が登場する前からすでに支配的な戦力であったこと、②家臣への土地の分配は、トゥール・ポワティエ間の戦い（七三二年）ののち、カール・マルテルがこの制度を編み出したとされる時期にはすでに実施されていたこと、③ヨーロッパの封建制は鐙の仮説が描くような整然とした統一的な社会制度ではなかったこと、そして④衝撃を加える騎兵には鐙よりも鞍のほうがより重要であったことを指摘している。一部の学者は、リン・ホワイトを技術決定論者、つまり鐙が封建制を生み出したと主張している点を批判した。実際には、ホワイトはそうした主張を明確に退け、まさにトゥール・ポアティエ間の戦いとほぼ同時期に西洋に出現したと思われる鐙が、八世紀のヨーロッパという政治的、軍事的、経済的、社会的、法的な混沌状況から、中世社会に封建制を定着させるうえで最終的な触媒となったのではないかと提起したに過ぎない。鐙の影響をめぐる解釈上の論争は、一般的に「技術決定論」は修辞表現の一つであり、歴史的現実ではない点を強く注意喚起させるものである。同業者を技術決定論者として非難する歴史家もいるが、まともな歴史家であれば決してそのような解釈はとらない。その代わりに、思慮深い歴史家は説明力があると見込まれる、あらゆる種類の分析に基づき、背景状況を踏まえて理解しようと試みるものである。鐙は封建制の説明に役立つ両用技術であったが、この制度をもたらしたわけではない。

歴史学上の論争はあるが、重武装・重装甲の騎士が八世紀初頭から一二世紀末までの五〇〇年かそれ以上にわたってヨーロッパの戦場を股にかけていたことは否定できない。だが、騎士が成功したのは、軍事力として敵なしという理由ではなかった。それよりも、ローマ崩壊以降の歩兵とは名ばかりの、装備も貧弱で混乱した寄せ集めの集団に対して、その存在が戦場で与える心理的影響のほうが大きかった。つまり、この騎兵の周期では、混乱と恐怖にさいなまれた歩兵隊に対して騎士が五〇〇年間にわたって優位を得た。これは先のチャリオットの周期を模倣したかのようであった。

モンゴル軍の侵略

重武装・重装甲の騎士が強い逆風にさらされるようになったのは一三世紀から一四世紀であり、その後に火薬によって永遠に下馬させられた。最初の逆風は、チンギス・ハン（一一六二?～一二二七年）が帝国軍としてまとめ上げたモンゴルの部族の連合体によってもたらされた。チンギスは、中国北部から中央ユーラシア、カスピ海への侵略を指揮した。彼の息子とその後継者は、ロシアとステップを経て、現在のブダペストまで侵攻し、そこからヨーロッパの封建領主が守っていた土地を脅かした。すべて蛮族からなるモンゴル軍は、戦闘のあらゆる局面においてヨーロッパ人を完全に凌駕していた。モンゴル人は以下のものを有していた。①自前の情報機関、②高度な通信制度、③人馬の食料の需要はそれほど大きくないとはいえそれを満たす荷駄隊、④成人後は複合リカーブボウで馬上から動物と人間を射ることに明け暮れた騎手からなる熟練した軽騎兵、⑤敵に対して分散的な戦略的機動と戦術的集中を組み合わせたドクトリン、⑥冷酷かつ残忍な恐るべき敢闘精神、⑦軍と行動を共にし、それを鮮やかに指揮するリーダーシップである。さらにモンゴルは、あらゆる軍事技術で最も革新的なもの、すなわち火薬をヨーロッパ人にもたらしたと思われる。このステップからの侵略者は、一二四一年にハンガリーとポーランドにおいて西洋の騎士を一蹴し、太平洋から大西洋にいたる人類史上最大の陸続きの帝国に膨張する勢いであった。しかし、その後、一二四二年に彼らは踵（きびす）を返し、モンゴルに戻った。文明を救った転進は、ヨーロッパによる抵抗のせいではなかった。むしろ、偉大なハンが死去し、彼の後継者を選ぶ会同に参加するためにすべての部族が帰還した結果であった。その後、モンゴルによるヨーロッパに対する攻撃は、西洋の要塞が強化されたこともあり、かつてほど効果がないことが明らかになった。とはいえ、一二四一年当時のモンゴル人は、ヨーロッパの封建領主の名声を揺るがしたのである。

イギリスの長弓兵

中世盛期にヨーロッパの騎士に挑んだのは外部の侵略者だけではない。百年戦争（一三三七〜一四五三年）では、イギリスとフランスの封建領主の形態が競い合うことになった。いずれの国家の封建制も、重武装・重装甲の騎士が中核を担っていた。だが、イギリスの騎士は独特の補助戦力である長弓兵（ロングボウ）による支援を受けていた。この軽武装・軽装甲の歩兵は、特殊な形状の弓を装備していた。この弓は、平均的なイギリス人男性の身長がおそらく一六八センチメートルであった時代に、約一・八〜二・一メートルの丈があった。彼らのイチイでできた弓は、弦を張って、引き、正確に射るのに並外れた力と高度な技術を要した。だが、この弓は四五キログラムを超える力を生み出すことができ、馬を倒し、鋼鉄製の胸当て以外はすべて貫通できた。さらに、戦場の状況に応じて速射も可能であった。一四世紀から一六世紀にかけての長弓兵は、戦場で群がってくる騎兵に蹂躙（じゅうりん）されないように、敵側の騎士が押し寄せるのを防ぐ障害物となる杭を自身の前に打ち込むこともあった。百年戦争において、イギリスの長弓兵はフランスの貴族との戦闘で再三にわたって差をつけた。とりわけ、クレシー（一三四六年）、ポワティエ（一三五六年）、アジャンクール（一四一五年）における戦いで最も顕著になった。フランス軍は投擲武器による射撃支援もなく、戦術面で混乱をきたして長弓兵に直接突進し、自ら敗北へと急ぐこともあった。しかし、長弓こそが差をつけ、イギリス軍は数で劣っていてもフランスの田園地帯を抵抗なく進軍できたのである。

スイスの槍兵

ヨーロッパ大陸の封建領主は、一四世紀から一六世紀にかけてスイスの諸州への侵攻を試みた際に同じような逆風を経験した。スイスでは民兵が非常に統制のとれた密集方陣を用いて騎士を迎え撃ったが、方陣の全周が騎兵の突撃を止める槍衾（やりぶすま）になった。馬は槍に突き刺される前に立ち止まるのが普通であった。したがって、必要とされたのは、持ち場に踏み止まる兵士の決意と勇気だけであった。騎兵の突撃の勢いが失われると、斧槍（ハルバード）、槍槌（ルツェルン・ハンマー）、朝星棒（モーニングスター）などの棹状武器を装備した兵士が、立ち往生する騎兵に群がった。斧槍の鉤爪（かぎづめ）は鞍上から騎士を引きずりおろせた。騎士が板金鎧を着たまま下馬すると、兜の目出し用の隙間をナイフで刺すか、脆弱な関節部分を斧で斬ると簡単に命を奪えた。斧の刃がついた棹状武器は、騎士が跨る馬の脚を切断して双方を地面に倒し、確実に命を奪うか、捕縛することができた。一部の戦いでは、封建領主側がスイスの槍兵を数で圧倒していた。だが、そうした戦闘でもスイス側がしばしば優勢であった。封建領主の騎士がついに時代遅れになると、スイスの斧槍兵はその名声を売りに傭兵として軍役を請け負ったが、そのうち最も知られているのは、現在でも続いているローマ教皇の護衛である。他の王室の衛兵はその由緒を誇示するために帯剣するが、ローマ教皇のスイス衛兵は、その名を知らしめた恐るべき斧槍を今でも手にしている。

それでも騎士の時代は続いた

このように、ヨーロッパの騎士は二〇〇年以上かけて三種類の対抗技術で打ち負かされたすえ、ついに一六世紀にその名誉ある地位を再び歩兵に明け渡した。この歩兵・騎兵周期が転換する革命が完結するのに、これほど長い時間を要したのはなぜであろうか。多くの説があるが、中世盛期のヨーロッパの戦闘技術に関する説明が二つある。第一に、封建制は軍事、政治、経済、文化、社会の権力の収斂を体現しており、その結果として強力な制度的惰性がもたらされた。騎士は封建制の中核であり、複数の権力の手段を駆使できた。第二に、騎士が戦場を支配できないとしても城壁の内側に籠（こも）ることで、領主に対して封建的な奉公を果たし、同業者からの軍事的挑戦を退けるだけでなく、モンゴルからの侵略に抵抗することすらできたのである。中世の攻城技術はその前身となる古典古代時代の技術からほとんど進歩がなかった。それでも多くの街や都市の要塞を陥れたものの、巧みに設計され、堅固な防御を誇る城は落とせないことが多かった。さらに、封建的契約は多くの場合、家臣の軍役が年間四〇日に限定されていたため、中世の攻城戦のほとんどが兵糧攻めに転じたものの時間切れとなった。中世盛期におけるヨーロッパの騎士は百戦百勝とはいかなかったであろうが、いつでも難攻不落の城に籠れたのである。

7　火薬革命

第二の軍事革命

これまでの議論を踏まえると、個人としての騎士のみならず、封建秩序全体にとっても火薬が破壊的だったことが明らかである。戦場に目を向けると、イギリスの長弓兵やスイスの槍兵、モンゴルの騎兵が独自の兵器体系でなしえた成果を、個人用火器によって低コストでたやすく得られるようになったのである。さらに騎士が安全な城塞に籠ったとしても、その壁は大砲によって撃ち破られた。騎士が籠る城砦は、高さはあるが薄い幕壁（カーテンウォール）で囲われていることが多く、これはアッシリア帝国の時代から攻城技術が停滞し、無力であったことを如実に示していた。城壁は梯子を防ぐために高さはあったが、厚くはなかった。攻城砲が登場すると城壁に簡単に穴を開け、そこから歩兵が突入できるようになった。領主は大砲を用いることで、自らの家臣を服従させるとともに軍事力の独占権を奪い、封建領主に対する軍役義務に代えて税金を課した。そして、領主は自前の歩兵隊の育成、大砲の追加購入、武人貴族への支配拡大のために税収を使った。この過程を通じ、封建制は王政を経て絶対主義へと道を譲ることになった。歴史家のクリフォード・ロジャーズは、火薬革命を西洋の歴史における最も重要な軍事革命の一つに数えている。

火薬がもたらした変化

火薬は本書で注目する三つの偉大な軍事革命のうち第二のものであり、歴史上最も重要な発明の一つである。だが、ヨーロッパにおける政治的・軍事的変容はそれがもたらした数多くの変化の一つでしかなかった。この火薬革命により、他に少なくとも八つの重大な影響がもたらされた。第一に、戦闘と社会全体の双方において、筆者が「炭素時代」と呼ぶ、化学的な力の時代が火薬によって幕を開けた。大砲は内燃機関の先駆けであり、後世のほとんどの内燃機関と同じく、炭素系の燃料――薪（あるいは火薬の材料の一つである木炭）や化石燃料（石炭、石油、そして天然ガス）――で作動した。この時点から振り返ると、第一の諸兵科連合パラダイムを制約した技術的障壁は筋力であり、次いで風力だったことは明らかである。これより先、戦闘の規模は化学的な力の限界まで拡大していく。武器などの軍事技術が火のような化学反応の力を利用するようになると、殺戮を目的としたさまざまなイノベーションが目まぐるしい速さで追い求められた。戦争がもたらす殺戮と破壊の規模は、その後数百年にわたって人間の想像をはるかに超えるものになっている。先史時代の戦闘と第一の諸兵科連合パラダイムの戦闘により、人口比でみると第二のパラダイムでの戦闘を上回る人命が失われたが、その死者は戦争がもたらした疾病や飢饉によるものがほとんどであった。世界に解き放たれた科学のエネルギーによる殺傷力は第二次世界大戦で最高潮に達し、戦場では「鉄の暴風」となり、文明国の市街地ではドレスデンや東京に対する焼夷弾爆撃となった。

第二に、火薬は要塞をめぐる力のバランスを変化させた。古代あるいは古典古代における攻城兵器はあまり効率的でも効果的でもなかった。少なくともヨーロッパにおいては、城壁がますます高く、薄くなっていた。比類なきコンスタンティノープルの城壁も大砲という新たな火力に屈し、一四五三年の同地の陥落につながった。新型の大砲がますます強力になってくると、古い城壁はさらに脆弱になった。要塞は変化するか、さもなければ陥落するしかなかった。中世の末期には、イタリア北部の都市国家が新形態の要塞であるイタリア式築城術を創始し、新アッシリア帝国から二〇世紀まで続くことになる決闘的技術の競争に再び火をつけた。

第三に、投擲武器の威力が大きくなり、刺突武器、斬撃武器、あるいは打撃武器を上回るようになった。たしかに銃砲の登場する前には、弓矢が最も多くの人間の命を奪った。だが、弓矢は一撃離脱戦術の手段にとどまっており、古典古代や中世の戦闘においては「軽い」補助戦力とされて、ギリシャでは軽蔑され、蛮族と同一視されていた。今では、世界の戦場でほとんどの人命を奪うのは遠距離からの火器や大砲となった。この変化はレパントの海戦で重傷を負ったセルバンテスや、彼の創造した遍歴の騎士ドン・キホーテのような人々の心胆を寒からしめた。戦士の力と技は、今や引き金にかけた指を引くだけで屈してしまうかもしれない。遠距離から命を奪うことで、勇気や名誉は失われてしまったのである。

第四に、火薬は銃手の地位を高め、騎士を追い落とした。中世の騎兵は新たな歩兵の周期に道を譲った。ドン・キホーテが恐れたように、火薬のおかげでなんの技量もない汚らわしい平民が高貴な騎士の命を奪える道具を手にしたのである。この軍事力の変化は平民の地位を向上させ、貴族を危機にさらして、騎士階級だけにとどまらず、社会全体をも揺るがした。騎兵は二〇世紀まで残るが、かつてのいまいましいが臆病な投石兵、弓兵、雑兵がこれまで占めていた支援の役割に回った。

威力が強く、非道な石弓(クロスボウ)ですら、これほどの影響はおよぼさなかった。

第五に、紀元前一二世紀の破局以降の野戦を支配していたモデルが、第二の諸兵科連合パラダイムへと置き換わった。この新たなパラダイムでは、古くからの歩兵と騎兵の組み合わせに野砲が加わった。一七世紀から第二次世界大戦の終結まで、指揮官らは歩兵、騎兵、砲兵という三つの兵科のさまざまな組み合わせを操ることになるが、これらすべてが化学的エネルギーから力を得て、戦場を火力で満たした。

第六に、この火力をもたらす弾薬によって兵站面の負荷が軍に課せられ、それは遠征中の大型馬が必要とする飼料以上に大きな負担となった。オーツ麦などの穀物ならば、地方で行軍中に見つけられるかもしれないが、まとまった武器・補修部品・燃料・弾薬となると、警固付きの兵器庫や弾薬庫でもなければ入手できないであろう。さらに、遠征軍の背後に伸びる補給線は、相対的に劣る敵対勢力による一撃離脱に対して脆弱であった。

第七に、人間の共同体が文明地域、農耕地域、蛮族地域に分かれて以来初めて、文明国家が蛮族のもたらす実存的脅威を排除した。有史以来、未開とされる蛮族の戦士が偉大な文明の征服を目的として、ユーラシア大陸のステップ、あるいは北アフリカの砂漠から繰り返し襲来した。ペルシャ、ローマ、ビザンツ、ハラッパー、中国はことごとく次々に屈した。一二四二年には、西洋文明全体ですらも蛮族に征服される危機にあった。だが、同じことは繰り返されなくなった。火薬革命以降、蛮族は文明国による侵入に抵抗したかもしれない。彼らは敵である文明国に対して火薬による武器を向けたことすらあったろう。しかし、工業的知識や基盤なくして蛮族が自らの手で武器や弾薬を

図4　この絵は、オルシャの戦い（1514年）において舟橋の上で原始的な大砲を人力で運ぶポーランド軍の兵士と人夫を描いたものである。おそらく、これはモスクワ軍の不意をつき、撤退させた兵器の一つであり、数で優る敵に対してポーランド・リトアニア合同側に逆転勝利をもたらした。

作り出すことは不可能であった。そして武器や弾薬なくして、火薬の生産基盤を確立した文明国を蛮族が征服するおそれはなくなった。この非対称性によって多くの西洋国家が「西洋の台頭」とともに帝国主義的な企てに駆り立てられた。こうした企てのほとんどは西洋の帝国主義者にとって悲惨な結果に終わったが、蛮族が門前まで迫って滅亡に瀕するようなことはなくなったのである。

第八に、次章以降で見ていくように、火薬は海戦についても陸戦に匹敵する重大な影響をともなって変容させた。最後に、火薬は、より大規模で多大な影響をおよぼす、二つの段階からなる革命の第一段階に過ぎなかった。火薬は炭素化合物の化学的な力を爆発的に解放し、大砲の砲口、小火器の銃身、爆破装置の外皮から発射体を高速で飛ばした。炭素の燃焼による革命の第二波では、炭素化合物の化学的な力が兵器の運搬に用いられるようになり、一九世紀の戦闘を席巻した。こうした兵器により、二〇世紀の二つの世界大戦で殺戮と破壊は新たな高みに達することになる。この二段階革命の後段も二つの段階からなり、その第一段階は一九世紀に起こり、より強力な第二段階は二〇世紀に起こった。炭素時代の後半については後述する。

他の領域における戦闘に目を転じる前に、火薬を発明した中国がその潜在能力を発展させられなかったのに対し、そのアイデアを輸入した西洋が火薬をあれほど効果的に使った原因を問うべきであろう。歴史家のウィリアム・H・マクニールは、単純に西洋人はかなり好戦的な人々であったという。ケネス・チェイスはこれに異を唱えている。チェイスはそれに代わる説として、初期の火器は重すぎるうえに扱いにくく、ユーラシア大陸のステップや北アフリカの砂漠といった、彼が「乾燥地帯」と呼ぶ地域の遊牧民に対しては［騎兵で対抗したほうが有効であったため］効果的ではなかったと主張する。こうした遊牧民を本書では蛮族と呼んでいる。それに対して、新たな歩兵周期に直面していた国家である西欧、日本、オスマン帝国にとって火薬の技術は有利であった。したがってチェイスの見解では、火薬は歩兵の周期への移行を促し、その周期に対応したのである。ロバート・オコーネルは、職人起業家と資本家が火薬による優位を西洋にもたらしたと考えている。そして、西洋における科学革命と火薬革命は起源を同じくしており、それらに引き続いて多くの分野で技術革新が起こったことも否定できない。結局のところ、西洋は自然を征服すべきものとみる文化だったのである。

陸戦については、第二の諸兵科連合パラダイムの初期までの記述にとどめておく。火薬革命はおよそ一世紀ずつの段階を経てヨーロッパを席巻した。大砲は一四世紀に登場した。攻城砲は一五世紀に従来の要塞を打破した。小火器によって騎士が追いやられ、新たな歩兵の周期が一六世紀に始まった。そして一七世紀に、移動式の野砲が野戦の第三の兵科として加わった。この新たなパラダイムから二〇世紀前半の総力戦へと一直線に続いたのである。

第3章 海、空、宇宙、そして近代の戦闘

1 海戦

人力の時代

海戦が古代史の靄(もや)から姿を現した紀元前二〇〇〇年には、補助的な帆を装備した、櫂(オール)で動くガレー船によって戦われていた。水兵と彼らの武器を運搬するプラットフォームによって海戦は左右され、この点は空中や宇宙での戦闘と同じである一方、大半の陸戦とは異なっていた。海戦は推進システムによる三種類のプラットフォーム――ガレー船、帆船、蒸気船――で行われ、それぞれに特徴的な技術や戦闘方法があった。人を寄せ付けない海上での戦闘へと水兵や武器を運んでいく船、つまりプラットフォームそのものを一つの技術が左右するのが常であり、別の技術が水兵の戦い方に影響を与えた。武器だけで敵艦そのもの、あるいは敵の船員を狙って攻撃できるかもしれないが、戦うための技術はプラットフォームの技術で必ず補完されていた。

陸戦では、チャリオットやおそらくは騎士ですらも、同じくプラットフォームと武器が結合したものとみなされるかもしれない。だが、二〇世紀以前では軍艦が軍事技術で最も複雑なもの、つまりシステム・オブ・システムズであった。

自らの交易を守ると同時に敵の交易を攻撃するために海軍が必要となった。それ以来、交易が海軍の主たる開戦事由となった。軍艦が登場する前は、民間のボートや船で人と荷物を載せて海を渡った。地中海は古くからの海戦の実験場であり、その発展の史料庫であった。地中海では特殊な商船が開発され、そこから軍艦も発展していった。地中海の船は外郭建造方式、つまり船体の外郭が最初に作られ、その後に肋材(リブ)や内部を補強する構造などが加えられた。こうした造船手法は比較的穏やかな地中海には適していたが、船体外郭に取りつけられた竜骨(キール)で補強される形式の脆(もろ)い船が建造された。この軽さと脆さゆえに、地中海のガレー戦艦は高速であったが弱かった。

海賊が軍艦の登場を促したのは明らかである。低速、非武装の商船は高速の海賊船に対して脆弱であった。海賊船は貨物を積載した船に追い付き、拿捕(だほ)し、乗り込むことができたのである。つまり、海賊は一撃離脱することが可能であった。商船に兵士を乗せると、海賊に対抗できるか定かではないのに船足がさらに遅くなり、輸送のコストが上がった。それゆえ、紀元前九世紀、あるいは八世紀には、アッシリアやフェニキアといった海洋国家が自国の商船隊の保護と、そしておそらくは他国の商船隊を襲うことを目的に、専用の軍艦を進水させた。当初から軍艦として建造された船は明確な特徴を帯びるようになった。高速を出すために船体を長くし、喫水を浅くして漕ぎ手を増員することに加え、貨物船の丸い船首を衝角へと改造した。好まれた戦術は、敵艦船——民間船、あるいは軍艦――に対して体当たりし、穴をあけてから自艦を後退させ、敵艦を航行不能にするというものであった。尖った金属で覆われた船首はローマで「ローストロム」（船嘴）と呼ばれたが、敵の船体を突き刺すのではなく、陥没させることを狙った単純な衝角へと次第に変化していった。尖った衝角が沈みゆく敵艦の船体にはまりこみ、攻撃側が航行不能になるだけでなく、敵艦から水兵が乗り込んできて乗っ取られることが多発したのである。

古典古代期（紀元前五〇〇年～紀元後五〇〇年）には多くの国家が海軍を建設し、地中海ではある種の軍備競争が続いた。この競争を左右した主な要素は速度であり、地中海のガレー船の構造で速度を出す方法は一つしかなかった。それはより多くの漕ぎ手を使うことであった。軍艦は両舷に二五人ずつ、一隻に五〇人の漕ぎ手を乗せられるまでに大型化した。その後、おそらくは船の竜骨に使える高木が少なくなったため、船の全長を拡大するペースは遅くなった。その代わりに、漕ぎ手は多段櫂船（ポリリームはギリシャ語で「多くのオール」の意味）の複数の階層に分かれて収容されることになった。フェニキアとアッシリアは二段櫂船を運用した。アテネは多段櫂船のうち最も完成度の高い三段櫂船を建造し、船首から船尾にいたるまで、通常であれば一人の漕ぎ手をようやく収容できる程度の幅に三人をうまく詰め込んでいる。その後、カルタゴやローマといったのちの海軍国はアテネの船を基にした四段櫂船や五段櫂船だけでなく、さらに多くのオールを備えた船で戦った。この巨大船の漕ぎ手の配置をめぐっては疑問も少なくない。だが、多くの研究者は、人数が増えて一隻あたりのオールの数が増えたのではなく、それぞれのオールの漕ぎ手が増えただけだと考えている。

図5　1980年代に復元されたギリシャの三段櫂船オリンピアスが、ギリシャのトロンに入港しているところである（1990年）。このガレー船は、水面下にある船首で敵艦めがけて体当たりするよう設計された兵器プラットフォームであった。だが、その乗組員が白兵戦で敵艦を航行不能にし、乗っ取ることのほうが多かった。

推進動力がなんであれ、オールで進む戦艦は巨大化志向の魅力と危険性の両方をたしかに示している。もしある武器が有効であれば、それを大型にすればより効果があるように思える。この点はガレー船にもある程度までは当てはまった。ガレー船の大型化により、漕ぎ手が増えてその重量に耐えうるよう強度が高められたし、港湾の要塞を攻撃する攻城砲を搭載可能になったかもしれない。大型化したことで、軽量のガレー船による衝角攻撃にも脆弱ではなくなった。大型の多段櫂船は乾舷［喫水線から上甲板までの高さ］も大きく、水兵が敵艦の主甲板に向かって投擲（とうてき）武器を撃ちかけたり、敵艦に飛び降りて乗り込んだりすることもできた。もちろん、これらの巨艦がより小型で敏捷な船に操船で劣ることも時にはあったろうし、浅い海では海賊船などの小型艦を追跡できなかった。しかし、ガレー戦艦は巨大な建造物の一つであり、海の支配権を争う可能性のあった相手を畏怖させ、威嚇するのに有効な、当時では最も複雑な動く技術システムであった。

船が進歩すると、その特徴が戦術的な進化も左右するようになった。体当たりは常に理想的な攻撃形態とされたが、成功率は低かった。その代わりに、敵艦のオールめがけて体当たりする戦術がとられた。敵艦がオールを櫂かけに載せる前、つまりオールを船内に収納しないうちに、訓練された熟練船員が漕ぎ、操船する高速かつ敏捷な船が、その舳先（へさき）を敵艦の横側にぶつけるのである。航行不能となった軍艦は、壊れていないオールを配置し直している間に、体当たりされたり、斬り込まれたり、あるいは放置されたりした。だが、こうした戦術でも込み合った海域を航行するには船の能力を超えていることが多く、双方の艦隊の大船団が横一列に並んで衝突するかたちで海戦が行われることが少なくなかった。それ以降は投擲武器と斬り込み隊が戦いを決することになる。ローマ人は、第一次ポエニ戦争（紀元前二六四～二六一年）でカルタゴと海戦をするまではもっぱら陸戦の兵士であり、船舶と操船術において明らかに不利であった。この非対称な状況で彼らが東地中海の海戦から取り入れたメカニズムの一つが「コルウス」［ラテン語でカラスを意味し、コルウスの底面にあった敵艦を固定するスパイクがカラスのくちばしに似ていたことに由来］であり、これは回転させることでガレー船の舳先から張り出すことのできる渡し板であった。この装置は前方の帆柱の前に取り付けられた回転軸から垂直に立てられ、近くに来た敵艦の甲板に下ろされた。そうすると、ローマの軍事力の中核であった歩兵が渡し板から突入し、敵と白兵戦を行うことができた。つまり、ローマは海戦を水に浮かぶプラットフォームでの陸戦に変えたのである。その最も有名な事例が、ミラエ沖とエクノモス岬における決戦である。ローマはガレー戦艦からなる三つの艦隊を建設して失ったが、ついにカルタゴを海上で撃破して、海軍理論家のアルフレッド・セイヤー・マハンがのちに制海権と呼んだものを確立した。

だが、他の海軍国と同じく、ローマは制海権を握るには破滅的な費用がかかりかねないことを思い知った。ガレー船は二〇~二五年の運用寿命があるものの、海軍には莫大な物資と多数の漕ぎ手が必要であった。海洋国家、つまり支配的な海軍国であったアテネやカルタゴは常備海軍を建設し、維持する資金力があったかもしれない。アテネは産出量の多い銀山から得られた収入のほとんどを自国の艦隊を賄うために充てていた。だが、ローマのような大陸国家は、帝国の安全を守る陸軍を維持しつつ、地中海の安全を維持する艦隊を保有することに疲弊し、とりわけ海軍面で重大な脅威がない時期に苦しんだ。後世の国家は、陸軍力と海軍力の適切なバランスをとるのに苦心することになる。

ローマ帝国の崩壊後、地中海の海軍力は競合する国家や帝国に分散した。ビザンツ帝国は、地中海の少なくとも一部を支配する地位に最も近い存在であった。さらに、ビザンツ帝国は海上からの脅威に対して、古代世界でまさしく唯一の秘密兵器で自国を守った。いわゆる「ギリシャ火」は、現代のナパーム弾と多くの点で特徴を同じくする焼夷兵器であった。ギリシャ火はビザンツ帝国の小型・高速のガレー船ドロモーンで使用され、甲板の下であらかじめ熱しておき、舳先の噴出口から圧力をかけて放射された。液体が放出される際に、噴出口の先にある炎で点火された。伝えられるところでは、ギリシャ火はあらゆるところに吸着し、水中でも燃え続けたという。ギリシャ火はイスラム軍による最初のコンスタンティノープル包囲戦が行われていた六七七年頃に戦場に姿を現し、敵艦を撃退して、コンスタンティノープルとビザンツ帝国を陥落から救った。この焼夷兵器の配合については、王室とその側近らに厳重に秘匿され、おそらくは名ばかりを残すのみとなったビザンツ帝国の宮廷で頻発していた内紛で失われるまで、コンスタンティノープル防衛の切り札として残されていた。以来、その伝説の効果を誰も再現できていない。もし、そうした言い伝えが誇張されていたとしても、ギリシャ火を比類のない威嚇兵器とするに足りるほど多くの人々が真に受けたのであろう。

大砲と帆船

ガレー船による戦闘が終焉を迎えるまで巨大化志向の影響は大きかった。ローマのライバーニャ［小型のガレー船］やビザンツ帝国のドロモーンはこのパターンに反していたが、一六世紀のヴェネツィアの標準型ガレー船［当時ヴェネツィアで建造されていた標準設計に基づくガレー船］は、ローマの五段櫂船とほぼ同じ大きさで排水量はその倍であった。地中海の歴史におけるガレー船による最後の大海戦は一五七一年にレパントで起こったが、これに参戦した四か国の海軍は櫂船への大砲の搭載を試みている。キリスト教国の海軍は規模で上回るイスラム教国の艦隊を撃破したが、キリスト教国側は一隻当たり平均で五門の大砲を搭載していたのに対し、イスラム教国側は平均三門以下であった。だが、いずれの当事国も艦載砲の潜在能力を活かす有力な方法を会得していなかった。ガレー船は海軍をめぐる新たな環境には適しておらず、姿を消すことになる。陸戦だけではなく、世界史のあらゆる面を変容させた火薬革命は、海戦をも変化させる巨大な潜在力を有していたのである。しかし、火薬革命には別のプラットフォームが必要であった。レパントの海戦における最大のガレー船は、その中心線上に前方を向くかたちで巨大な大砲を装備できたが、搭載する火器のほとんどは小型の対人砲であった。そうした火器によって人的損耗を与えて勝利を収めることは稀であった。大砲は乗員を殺傷するだけでなく、船を沈める潜在能力があった。ジョン・ポール・ジョーンズ［アメリカ独立戦争の英雄で勇猛果敢で知られた海軍軍人］はいたが、プラットフォームで行う戦闘では、乗員よりもプラットフォームが重要なのである。

舷側砲を備えた西洋式帆船は近世（一五〇〇〜一八〇〇年）における最も複雑な技術集成品であるが、これは二つの重大な技術革新に加え、複数の副次的なものが組み合わさってもたらされた。第一に、火薬革命は陸上だけでなく海上でも有効な武器一式をもたらした。第二に、かつての櫂船が武装商船から専用の軍艦へと変化したように、北大西洋の帆走型コグ船が中世後期に戦闘用のプラットフォームへと進化した。コグ船はずんぐりした丸い形で、低速であるが安定性が高く、航海に適した貨物船であり、中世初期から物資だけでなく多少は旅客も輸送し、バルト海や北海周辺、ヨーロッパの大西洋沿岸を行き来していた。一四世紀にヨーロッパで商業革命が起こると、この交易が拡大してさらに多くの海賊が群がるようになった。海賊側もコグ船を使用し、斬り込みや白兵戦向けの投擲武器や個人用武器を装備した水兵を乗せて攻撃をしかけた。商船の船員も当然ながら同じく武装するようになり、規模は小さいながら対称的な軍備競争に火を注いだ。その結果として起こる交戦で優位に立つために、双方とも船の甲板上に「船楼」を設けた。弓兵が敵艦の甲板にいる乗員を射下ろすための構造物である。一五世紀には個人用火器が船楼から使われるようになり、まもなく大砲も船の武装として加わった。

しかし、一連のイノベーションの過程はここで技術的障壁にぶつかった。喫水線より上方にある高い船楼に重い大砲を置くと、小型船は不安定になった。大砲を射撃すると、その反動で船は安定を失って傾いた。したがって小型の対人武器しか搭載できなかった。この障壁が破られたのは、付随的なイノベーションが起こったからであった。商船は貨物の積み下ろしをしやすくするために、舷側に砲門(ポート)を設けるようになった。砲門は、帆走中傾いた時に水が浸入しないよう、航行中には閉じられ、防水されるようになった。砲門は当然ながら大砲を発射するのにも使えた。主甲板の上にある船楼から、船体の下方にある甲板に大砲を移動できるようになると、一隻の船に搭載可能な火力を左右するのは船の大きさだけになる。ここで巨大化志向への新たな競争が始まった。一二世紀の百トン級のコグ船では船の前後に据えられた粗末な船楼にわずかな弓兵を乗せていたのが、一七〇〇年までには百門の大砲を備える二〇〇〇トンに近い船が出現するまでになった。コグ船の攻撃対象は敵艦の船員であったが、この浮かぶ砲台は敵艦そのものが攻撃目標となったのである。

だが、さらなる無数のイノベーションがなければ、舷側砲を備えた帆船はその潜在能力を完全に発揮できなかったであろう。歴史上知られているすべてのガレー船の操船を担った舵櫂(かじかい)は、一二世紀末には甲板上の舵輪(だりん)や舵柄(かじづか)と連動する船尾舵(せんびだ)へと移り変わった。巨大帆船はその操船特性によって悪天候では操舵手に大きな負担がかかるため、この機構が操船に不可欠なのは明らかであった。羅針盤は一三世紀初頭にヨーロッパにもたらされた。羅針盤のおかげで船乗りは沿岸から離れての航海が可能になり、最終的には大西洋への探検に乗り出していった。一八世紀には、かつてのより原始的な天体観測儀（アストロラーベ）やクロススタッフから近代的な六分儀へと置き換わり、船乗りは陸地が見えなくても緯度、つまり赤道を起点とした南北の距離について信頼性の高い見当がつくようになった。最後に、イギリスのジョン・ハリソンが、上下左右に揺れる船の上でも正確な時間を半永久的に刻むことのできる、巧みに考案・製造された航海用機械式時計（クロノメーター）を同じく一八世紀に発明した。それによって、船乗りは固定点から現在地がどの程度東西に離れているか、つまり経度を割り出すことができた。緯度と経度によって船乗りは大海原でも正確な位置がわかったのである。

舷側砲を備えた帆船の能力は抜群であった。帆船は再生可能なエネルギー源である風力を動力としていたため、その航続距離を制約したのは船員の食料と水だけであった。食料と水は世界中で簡単に入手できたため、帆船には限界がなかった。帆船が世界の海を航行すると、地中海のガレー船から、中国のジャンク船、南アジアのダウ船にいたるまで、水上のいかなる船に対しても無敵であることが明らかとなった。これらの帆船は強力であったため、外洋における軍事的な争いはもっぱら帆船同士で行われた。ヨーロッパで海軍国たらんとする諸国家が軍備競争することで船の規模は途方もなく大きくなり、その過程で力の階層が生まれた。艦隊の大部分は、六〇門以上の大砲を装備し、海上で最大の船との死闘を戦い抜く大きさと強さを併せもつ「戦列艦」で構成されるようになった。この浮かぶ要塞はあまりにも高価なため、最も豊かな国家しか競争に参加できなかった。チャリオットと同じく、戦列艦によって海軍国を目指す国家は同型艦を保有、つまり対称的に対抗するか、さもなければ競争から身を引くことを迫られた。

この競争の結果、想像を絶する見返りと同時に大いなる危険がもたらされた。ガレー船がかつて行ったように、シー・パワーによって国家は自国の交易を保護し、敵の交易を妨害できるようになっただけでなく、ヨーロッパの海軍は陸上に戦力を投射することが可能になった。オランダやイギリスのような海洋国家は、自国の資源を海軍力に集中することで繁栄を遂げた。スペインやフランスのような国家はかつてのローマと同じく陸上と海上の双方で大国になろうとしたが、財政的に疲弊し、最終的には軍事的破滅を迎えて失敗した。近世におけるシー・パワーと帝国をめぐる競争の最後に、帆船時代で最も偉大な指揮官であるホレイショ・ネルソンは、一八〇五年のトラファルガーの海戦においてフランス・スペインの連合艦隊を撃破した。ネルソンは戦傷が原因で息絶えたが、イギリスはまごうことなき海洋の支配者として台頭し、第一次世界大戦まで続くことになるイギリスによる平和（パックス・ブリタニカ）が始まったのである。

　この帆船時代最盛期の戦いにおけるネルソンの旗艦はヴィクトリーであり、一〇〇門の大砲を装備し、排水量は三五〇〇トン、運航と戦闘に八〇〇人の船員を要した兵器システムであった。この船は、貨物の積み下ろしのために船体側面に砲門を最初に取り付けた北海のコグ船の直系子孫であった。だが、ヴィクトリーをはじめとする戦列艦はある技術的障壁の影響下にあり、それによって同艦の運用が制限され、ついにはその終焉がもたらされた。戦列艦はその祖先たるガレー船と同じく、破滅的なほど高価だったのである。戦列艦を建造・維持するために、国家は地方にある木を根こそぎ伐採し、水兵や砲手として軍役に追い込める困窮した人間を街頭や酒場で探し求めるようになった。戦列艦はその動力を風力に頼っていたため、速度と進行方向には制限があった。基本的に

図6　悲喜こもごものトラファルガーの海戦（一八〇五年）において、ホレイショ・ネルソンの旗艦ヴィクトリーはイギリスの制海権の象徴であった。アイルランドの画家ダニエル・マクリースは、ヴィクトリーをこの戦いの重心として、そしてネルソンが狙撃手の射撃で斃れた理想的な場所として描いた。

どこへでも行けたが、速度は遅く、風上にある目的地へは左右に上手回ししながら進んだ。

さらに、戦列艦が交戦する際には操船によって敵のいる方向に大砲を向ける必要があった。つまり、兵器プラットフォーム自体が狙いをつける仕組みも兼ねていたのである。それゆえ、戦列艦は艦隊全体が敵艦隊と並行するかたちで一列になって航行する「単縦陣」形で戦う傾向が強かった。そうした戦術はすさまじい砲火の応酬を招き、しばしば近距離で砲撃戦が起こったが、決着がつかないことも少なくなかった。まさしく、敵の戦列を有利な角度から攻撃するというネルソンの意志こそが偉大な勝利をもたらしたのである「敵戦列の側面に縦列で突進し、敵艦隊を分断して接近戦で各個撃破した」。

炭素時代

だが、トラファルガーの海戦までに帆船の時代はもはや終わりを告げつつあった。アメリカの芸術家で技術者でもあったロバート・フルトンが最初の蒸気船をパリで建造し、ネルソンの死から二年も経たないうちにオールド・ノースリヴァーという最初の商用型蒸気船を進水させることになる［フルトンは最初にクラーモントと通称される実験的な蒸気船を建造、同船を改造・拡大したものがオールド・ノースリヴァーという愛称で呼ばれるようになった］。フルトンの蒸気船であれ、それらを模倣して次々に建造され、アメリカの沿岸や内陸交通で鎬を削っていた蒸気船であれ、ヴィクトリーにとっては大した脅威にはならなかった。ノースリヴァーは全長が四六メートルしかなく、その蒸気を出しながら振動するエンジンの重量のため、波が穏やかでも今にも壊れそうであった。これら草創期の蒸気船が例外なく水上での推進力としていた木製の外輪は、砲火を浴びると無残に破壊されたであろう。大砲を積むと蒸気船にはさらに負荷がかかったし、外洋に出れば敵に砲撃される前に自壊したかもしれない。とはいえ、一世紀後に登場する最初の巨砲戦艦ドレッドノートにいたる技術的進歩は、これらの蒸気船が端緒となったのである。ドレッドノートが建造されてほぼ四〇年後に日本の戦艦武蔵が攻撃を受けて転覆し、二四〇〇人の乗組員のうち、約一〇〇〇人を道連れにシブヤン海の海底に沈んだ。武蔵は、この巨大化志向の競争の結果もたらされた最大かつ何の意味のない恐竜であった。

このノースリヴァーからドレッドノートへと移り変わる物語の第一段階が繰り広げられたのは、一九世紀で数多くの技術が生まれた時期であった。もともと商用目的で開発された両用技術であった蒸気船は、専用の軍艦が導入されるまでは単線的な発達を遂げた。まず、複動式ピストンと高圧蒸気の導入により、エンジンがより強力かつ効率的になった。蒸気船が大西洋を最初に横断したのは一八一九年だったが、蒸気船は信頼性が低く、見かけも不格好であるとして、海軍の軍人はこの新技術の受け入れに抵抗を示した。蒸気機関が海軍に導入された当初、ほとんどの場合、舷側砲を備えた従来型の帆走型戦列艦に補助動力として搭載されていた。ガレー船に帆が導入された混合形態（ハイブリッド）を想起させるものであった。もちろん、艦載砲も同時に進歩しており、従来の木製の船体に鉄の装甲を被せる試みへとつながった。一八六二年、完全に蒸気で動く二隻の装甲艦――一隻は全鉄製で回転砲塔に二門の大砲を搭載した専用の軍艦（モニター）、もう一隻は舷側砲を搭載した木造の装甲艦（メリマック）――がアメリカ南北戦争に投入され、海戦における蒸気時代の到来を知らしめた。その後の進歩は急速であった。船体は鉄製から鋼鉄製になり、施条砲が船体の中心線上にある砲塔に搭載された。船体および甲板に装甲を施された戦艦は浮かぶ要塞となり、タービン・エンジンによって蒸気で時速二〇ノット（約三七キロメートル）以上出せるようになった。同じ艦隊の艦艇同士や艦隊間での通信を可能にする無線機、船体と艦載砲を安定させる回転儀（ジャイロスコープ）、そして測距儀により、こうした強大な軍艦は砲撃の射程を一六キロメートル以上伸ばすことが可能になった。

　その間、炭素から生じる熱で動く新型エンジンが導入されて一九世紀の海軍軍拡競争は一変し、世界大戦において力と破壊の高まりが解き放たれた。一八六〇年代にニコラウス・オットーが近代的な四サイクル液冷内燃機関を発明し、これが新たな両用技術となった。この発明以降、エンジンのシリンダーの中で炭素化合物――この時代には液体の化石燃料というかたちであるが――が秘めた力を利用できるようになった。熱源が石炭であれ、石油であれ、蒸気船がボイラーの水蒸気で動くことに変わりはなかった。しかし正真正銘の内燃機関が発明されたことで、これまでよりはるかに小型の乗物でも、液体燃料で動く小型のエンジンを搭載していれば、水上から大気圏の上限まで、どこへでも行けるようになったのである。内燃機関の応用には、巨大戦艦を絶滅させることになる二つの技術が含まれていた。

その一つは潜水艦であった。水中兵器を開発する試みは数世紀にわたって続けられてきた。蒸気船を発明したロバート・フルトンは一八〇〇年にナポレオンのために潜水艦を実際に一隻建造し、その艦と三人の乗組員を指揮して海上封鎖中のイギリス軍艦を爆破する目的でイギリス海峡に入ったが失敗した。アメリカ南北戦争では、南軍の潜水艦ハンリーが北軍の軍艦一隻を沈めることに成功したが、同艦も作戦中に沈没した。これらの創意工夫にあふれた潜水艦はクランクを回す人間の筋力で動いており、内燃機関や蓄電池によって潜水艦の航行性能と能力が高まるまでは、絶望的なほど動力が不足していた。アメリカ人のジョン・フィリップ・ホランドが一八九七年に近代的な試作艦を最初に開発したが、それからわずか一七年で強力な潜水艦が第一次世界大戦で通商破壊を行うことになる。

内燃機関は飛行機の動力にもなったが、飛行機も民生目的で発明され、すぐに軍用に転用された両用技術の一つであった。ライト兄弟は一九〇八年に一連の展示飛行を行い、世界に飛行が可能であることを示した。彼らの発明により、数年も経たないうちに人間の紛争は三次元的になり、第一次世界大戦の戦場を一変させた。同じく第一次世界大戦では、内燃機関を用いた戦車が騎兵の新たな周期の口火を切り、二〇世紀の大半にわたって陸戦を支配することになる。

炭素時代の先駆けであった蒸気機関よりも、内燃機関とそれを動力とする機械のほうが戦闘を徹底的に変容させた。最も劇的な変化が起こったのは海戦であった。蒸気機関を備えた戦艦は、それに先立つオールや帆を動力とする多段櫂船や戦列艦と同じく、アメリカ南北戦争で有名になった小型で単一砲塔を備えたモニターから、空前絶後の戦艦大和とその姉妹艦の武蔵にいたるまで、その登場から一世紀の間に拡大していった。大和と武蔵の満載排水量は七万二八〇〇トンであり、ネルソンのヴィクトリーの一八倍であった。両艦の主砲の口径は四六センチメートルで、一四五〇キログラムの砲弾を四二キロメートルまで射出した。これはネルソンが手にした最大の大砲と比べると砲弾の重さで一〇〇倍、射程は二六倍であった。だが、大和は空母に搭載された急降下爆撃機と雷撃機によって沈められ、それらの重さは餌食となった大和のおよそ一万分の一しかなかった。

兵器の巨大化志向によって、軍人はまたもや「恐竜」に魅了された。人間の歴史では、破壊力への誘惑が、機動力や狙撃がもつ潜在力を何度となく覆い隠してきた。戦闘のあらゆる領域において、兵器の大小それ自体には本質的に良し悪しはなかった。むしろ、技術は巨大な兵器の破壊力を高める一方で、小型の兵器の機動力も強化した。内燃機関のような技術は実力を均衡させる手段であり、戦力を倍加させる要素として優れていた。二〇世紀以降の戦争は、ある任務を達成するために最良の適正技術を見つけ出す競争へと多くの面で変化した。質は量を上回るかもしれないし、そうでない可能性もあった。大きいほうが小さいほうに勝ったかもしれないし、そうでない場合もあった。新型のものが旧式のものに勝つ場合もあれば、負ける場合もあった。技術的進歩によって変化のもたらされた海戦において、炭素時代の全容が明白に現れたのである。つまり、別の分野で開発された技術が海戦を変容させていった。火薬が舷側砲を備えた帆船を生み出し、蒸気機関によって蒸気船が生まれた。そして内燃機関は、最も恐るべき蒸気船を沈めた飛行機の動力となったのである。

核時代

海戦は、炭素時代から核時代への移行にも重要な役割を果たした。原子力はきわめて珍しい種類の両用技術であり、その開発者はすぐに原子力の両用性を受け入れた。一九二〇年代から一九三〇年代にかけて原子の秘密が急速に明らかになると、物理学者は特定の［原子量の大きい］重い元素の原子核を不安定化させ、分裂させられる可能性があることを発見した。もし原子核を分裂させることができれば、その過程で天文学的な量のエネルギーが放出されることになる。一つの原子が分裂すると中性子が放出され、それが続けて他の原子を分裂させると、その過程で連鎖反応が生じうる。理論的には、エネルギーの放出を遅くする、あるいは爆発的にする――前者は発電に、後者は爆弾に活用される技術――ことで連鎖反応を制御できた。一九三八年、ドイツの科学者であったオットー・ハーンとフリッツ・ストラスマンが、亡命していた同僚のリーゼ・マイトナーの助力を得て、原子に中性子を大量に照射して分裂させることに成功すると、世界中の科学者がその意義をたちどころに理解した。ヨーロッパで第二次世界大戦の気配が近づき、原子爆弾の開発競争が始まった。こうしてアメリカで始まったマンハッタン計画は、イギリスやカナダの研究者の協力を得つつ、第二次世界大戦中にライバルたちより研究を進め、一九四五年、広島と長崎でその成果を示した。

アメリカ海軍のハイマン・リッコーヴァー大佐は、第二次世界大戦の終結時に、原子力――彼はのちに核動力（nuclear power）と呼ぶようになったが――が原爆以外にも軍事的な潜在能力を有することをほぼ誰よりも明らかに認識していた。連鎖反応を使いこなせれば、核分裂を海軍艦艇の動力に活用し、蒸気の時代が始まって以来つきまとっていた二つの問題を解決できる可能性があった。第一に、原子力船は燃料交換まで何年にもわたって航行することが可能であり、給炭所や給油所にたびたび寄港する必要がなくなる。第二に、原子炉は酸素がなくても動力を提供でき、海中に数週間、あるいは数か月でも連続して海面下に潜航できる真の潜水艦の登場を可能にした。リッコーヴァーはその実現可能性を自らに検証させるよう海軍を説き伏せた。

リッコーヴァーは、マンハッタン計画の一翼を担ったオークリッジ国立研究所で原子炉の技術を独学し、艦船用の原子力を開発する試作計画の承認を得て、まずは潜水艦の動力機関の開発に着手した。その当初から、原子力の基礎技術の面でいくつかの重要な問題が浮上した。リッコーヴァーは、①核燃料、②放出される中性子の速度を遅くする減速材、③炉心の温度を維持する冷却材、④原子炉から得られたエネルギーを船のタービンを回す蒸気用の水に移す熱交換器、⑤原子炉に中性子を跳ね返し、放射線が漏れるのを防ぐ被覆材、そして最後に⑥連鎖反応を進める、あるいは止めるための制御棒を選ばなければならなかった。潜水艦の狭い艦内を想定し、リッコーヴァーは軽水炉を選択した。軽水炉の加圧水が冷却材および減速材の機能を果たし、別水系で熱交換を行った。空母には、これと似ているが、多少大型の沸騰水型軽水炉が選ばれることになる。

なかでも最も影響を与えたのは、ペンシルバニア州シッピングポートで建造された試作型の軽水炉であった。この軽水炉を原子力潜水艦用に開発することに成功し、一九五五年のノーチラスによる処女航海の動力とした。その後、原子炉は二種類のアメリカの潜水艦、つまり攻撃型潜水艦と、

「ブーマー」と呼ばれる、核弾頭を搭載した戦略弾道ミサイルの発射プラットフォーム〔弾道ミサイル搭載原子力潜水艦〕の動力となった。原子力潜水艦に搭載されるミサイルが大陸間の射程をもつまでになると、潜水艦発射弾道ミサイル（SLBM）は、アメリカの戦略的三本柱——爆撃機、地上配備型ミサイル、そしてSLBM——のうち、最も脆弱性の低い三本目の柱となった。アメリカの基地に駐機中の大陸間爆撃機や発射台にある大陸間弾道ミサイル（ICBM）はソ連の兵器によって攻撃を受ける可能性があった。だが、冷戦期のソ連でも、海中に潜む「ブーマー」を探知し破壊する能力は開発しなかった。SLBMは冷戦期の抑止力の最終手段だったのである。

　リッコーヴァーが海軍の原子炉計画を管理したことは、戦略的抑止を超える影響をもたらした。この計画の初期に軽水炉を選択し、最初の潜水艦用原子炉の製造にウェスティングハウス・エレクトリック社と契約したことが波及的影響をおよぼした。経済学者はこの状況を、ある技術的経路に対し、他の経路よりも文化的、あるいは組織的に肩入れする「ロックイン」効果として論じることが多い。技術史を研究する社会科学者はこれを「終結（クロージャー）」と呼び、この用語は一つの技術が選ばれ、他の技術は姿を消して、技術的な経路が競合する時期が終わることを意味している。歴史家のトーマス・ヒューズは同じ現象を、技術に関する研究で忌むべき存在であり、恐ろしい技術決定論と峻別するために、「技術的推進力（モメンタム）」と呼んでいる。これらの類比のすべては、社会における技術の選択で「不可避」なものなどないことを示さんとしている。ある特定の仕事を成し遂げるのに唯一「最良」の技術が存在することはまずない。むしろ、異なる時代や場所にある別々の社会が、それぞれの必要性、資源、気質に合致した技術を見つけ出している。だが、それぞれの社会において、ある技術に対する選好が明らかになると、その選択を後押しする推進力が生まれる。その社会が他の代替技術を開発する道を閉ざしてしまうことが少なくない。さらに、選択した技術に投資し続けるよう社会は自らを固定化していくのである。

それゆえ、同じことは軽水炉にも当てはまった。ドワイト・アイゼンハワー大統領の政権および同政権が打ち出した「平和のための原子力」計画の後押しを受け、ウェスティングハウス社は商用発電向けに軽水炉を設計した。燃料、減速材、冷却材、被覆材、制御棒、熱交換機構に関して他にもさまざまな組み合わせが存在したが、ウェスティングハウスは自社にとって既知の技術に投資した。したがって、商用原発産業をその将来を決める軌道に乗せてスタートさせたのはアメリカであった。経済学者は、その結果として生まれた発展の道筋を「経路依存的」なものという。これは技術分野が終着地を自由に選べるのではなく、初めに選んだ経路によって限定されることを意味している。その経路を進めば進むほど、選ばなかった道に立ち戻る可能性は低くなる。経路依存性に関しては最初の一歩の影響がとくに大きく、リッコーヴァーはその運命を分けた最初の関与を行ったのである。数多(あまた)の理由から、一九七〇年代末にはアメリカの原子力発電への熱意は失われ、いわゆる第二世代の原子炉に対する関心はいまだに高まっていない。その理由の一つは、軍事的目的に合わせてなされた最初の選択が影響したからであった。

アメリカで第一世代の原子炉が衰退した主たる要因は、当然ながら安全性であった。一九七九年のスリーマイル島原子力発電所事故は、すでに勢いを保つのに必死になっていた原子力産業のブームに終止符を打った。リッコーヴァーは、適切に管理されれば原子力は安全だと常に主張していた。

一九八二年にリッコーヴァーが海軍の原子力プログラムを統括する権限をついに手放した時、彼のかねてからの公言どおり、一隻の海軍艦艇も原子力事故で失われたり、深刻な損傷を受けたりすることはなかったと述べた。一九六三年に攻撃型潜水艦スレッシャーが全乗組員とともに大西洋の海底に沈んだが、この事故は機械の故障によるものであり、それも原子炉に直接関わるものではなかった。リッコーヴァーが個人的に目を光らせていた厳しい教育、訓練、規律によって、アメリカ海軍の原子力艦艇は事故をまぬがれたのである。彼の経歴のすべてが人間の能動性の証であり、特定の技術につきまとう危険を封じ込める人間の力を示すものであった。近代の複雑な技術システムは、政治学者のラングドン・ウィナーが示唆するように、「自律的」あるいは「制御不能」とみなされることがある。しかし、人間は普段よりも巧みにリスク管理しうることをリッコーヴァーは証明したのである。

2 空戦

飛行機の発明

飛行機は二人の自転車工が発明した両用技術であった。軍は飛行機をどう使うべきか見極めるまでしばらく時間がかかった。一八九九年から、ウィルバー・ライトとオーヴィル・ライトの兄弟は有人飛行に関する先行研究を体系的に渉猟していた。それから、自分たちで翼型を設計して実験を行い、翼とプロペラの設計の参考にするための揚力表を作り出した。鳥と同じように飛行を制御するため、たわみ翼を発明した。これは飛行機の翼に揚力の違いを生み出す巧妙な仕組みであった。彼らは地上から紐でつないだ機体を風で浮かして操作し、機体の制御の仕方を学んだ。次に、その機体に乗り込み、滑空させて自由飛行を行った。その時点で彼らは飛行術を習得していた。飛行機の動力については、自分たちの仕様に応じたエンジンの設計と製造を一人の機械工に任せ、プロペラは自ら設計した。ライト兄弟はすべての部品を一九〇三年の冬に組み上げ、約二六〇メートルの距離を飛行した。どの組織にも所属せず、教育も受けていない二人の発明家が、これほどの短期間に新技術について文献を読み、考え、観察し、理論を作り、実験を行い、設計して、驚くべき影響をもたらした偉業を達成したのは空前絶後のことであった。彼らは特許が認められるまで、経営する自転車店の近くにある野原で五年間にわたって飛行の訓練を行った。一九〇八年、ライト兄弟はその成果をパリとワシントンで示し、個人の研究者、研究機関、政府が長年にわたって取り組んできた問題を彼らだけで解決したことを、その場に立ち会った公平な第三者がそろって認めたのである。

この動力飛行を世界はどのように受け止めたであろうか。一部の人間は世界を上空から見るために飛行機を活用した。民間人は写真を撮影し、兵士は戦場を監視した。偵察を所掌するアメリカ陸軍信号隊は、初期型のライト・フライヤーズを購入した。彼らには、この棒と布でできた脆弱なプラットフォームがいつの日か貨物や旅客、火砲や爆弾を搭載するかもしれないとは想像もできなかった。

とはいえ、ヨーロッパの研究者はより高速で機動性に優れた飛行機を生み出す競争にたちまち巻き込まれた。これはヨーロッパを第一次世界大戦へと引きずり込むのを加速させた全面的な軍備競争の一部であった。新型で高速の飛行機がフランスの戦場の上空へと飛び立つと、両軍の飛行機が遭遇し、のちに「制空権」と呼ばれることになるものをめぐって戦いがすぐに始まった。偵察機は機関銃を搭載して戦闘機へと変化し、騎士道の時代に騎士が名誉をかけた一対一の決闘の記憶を蘇らせた。この空中戦で飛行機がもたらす殺戮と破壊は飛行機同士に限定されていたので、世界のほぼ誰もが将来への不吉な含意に注意を向けなかった。ドイツはゴータおよびジャイアントと呼ばれる巨大な怪物複葉機で、イギリスへの爆撃を試みた。だが、パイロットが開放式の操縦席の床から戦場の上空で敵兵めがけて投下したのは、手榴弾や岩に毛の生えた程度のものであった。第一次世界大戦の飛行機はまだ主として乗物であり、偵察用、あるいは敵の偵察機を追い払うためのプラットフォームでしかなかった。戦間期に入ってようやく、この新たなプラットフォームが軍民両面で地球上の生活を一変させるような目的で使われるようになる。

戦闘機と戦略爆撃機

主たる軍用目的が二つ明らかになった。ヨーロッパの大陸国家は、高速を出すための高出力液冷エンジンを搭載し、機動性の向上を狙って高度な空気力学を駆使した戦闘機を重視した。これらの諸国は、偵察と敵の地上部隊に対する攻撃を行うため、戦場上空の制空権の獲得を追求した。だが、アメリカとイギリスは、イタリアのエア・パワーの理論家であったジウリオ・ドゥーエの教えにしたがって戦略爆撃に特化した。この戦略爆撃という任務には、より大型で長い航続距離を得るために空冷星型エンジンを動力とする、これまでとまったく異なる航空プラットフォームが不可欠であった。この両国が同じような性能を有する民間機を必要としていたのは偶然ではなかった。つまりアメリカ大陸横断と、世界中のイギリスの広大な帝国に旅客を輸送する旅客機が必要とされていた。ドイツはスペイン内戦（一九三六〜三九年）における経験からエア・パワーの活動範囲が広がることを予測し、制空、中・長距離爆撃、そして空挺兵による空中強襲にいたるあらゆる任務に向けて一連の航空機を開発した。最終的に、イギリスは戦略爆撃機に加えて本土防衛用に戦闘機を補わざるを得ず、アメリカも敵領土上空での任務に向かう爆撃機を守るために護衛戦闘機を足さなければならなかった。両国は海上における任務のため、戦闘機と攻撃機による実験を行った。だが、ガレー船や帆船とは違い、プラットフォームとしての飛行機は、搭載する武器や果たすべき任務の性質に応じて当初から専用に開発されたものであった。

一九三五年にはDC-3が初飛行して、戦間期における軍民両用飛行機の象徴となった。この旅客機はアメリカのダグラス・エアクラフト社が開発した民間機の三代目であり、片持ち翼、覆い付きの空冷星型エンジン、可変ピッチプロペラ、引き込み脚、下げ翼、応力外皮・モノコック構造の流線形の機体、そして沈頭鋲を特徴としていた。DC-3は最先端技術そのものであった。ダグラス社は、軍需に集中するため一九四二年に民生用の生産を中断するまで、六〇〇機以上のDC-3を生産した。ダグラス社は第二次世界大戦中に一万機以上のDC-3の軍用派生型――C-47とC-53（Cは貨物を意味する）――を生産しただけでなく、一九三〇年代にソ連と日本にライセンスを供与し、両国で五〇〇〇機以上が生産されて戦争中に軍用に転用された。DC-3ほど有用で長期にわたって運用された機体はいまだかつてなく、世界の一部地域では現在も飛び続けている。

DC-3がもつ不朽の価値は、軍用に開発された飛行機が急速に進歩したのと非常に対照的であ

図7　この不鮮明な写真は、1945年5月にアメリカのB-29が日本の横浜上空で焼夷弾を投下する様子をとらえたものである。この「超要塞（スーパーフォートレス）」［B-29の愛称］は、9トンの爆弾を搭載した場合の航続距離は5230kmに達し、戦闘機の到達可能高度を上回る上空9100メートルを最高時速560kmで飛行することができた。1945年8月に、エノラ・ゲイとボックスカーというあだ名を持つ2機のB-29が日本に原子爆弾を投下した。B-29は当時における究極の兵器プラットフォームであった。

る。チャールズ・リンドバーグを一九二七年の歴史的な大西洋横断飛行へと駆り立てた［オルティーグ］賞を含め、飛行機に関する賞や競技が戦間期における技術革新に拍車をかけた。戦闘機、護衛機、偵察機、輸送機、攻撃機は陸海の上空でさらに効果を発揮した。軍需の後押しによって、エア・パワー論者の想像を超える領域にまで技術的性能が高まったからである。第二次世界大戦中、アメリカは開戦当時に保有していたB-17爆撃機——爆弾二・七トンを搭載して高度一〇七〇〇メートルを時速四六二キロメートルで距離三三〇〇キロメートルの飛行が可能——から、広島と長崎でその名をとどろかせた比類なきB-29爆撃機へと発展させた。B-29は、高度九八〇〇メートルを時速五七五キロメートルで五二三〇キロメートルの距離を飛び、爆弾搭載量は九トンの怪物であった。だが、こうした軍事的発明の驚くべき成果でも、草創期の熱狂的な航空論者が予想した水準に達することはなかった。戦略爆撃はその先駆者たちが予言したような決定力を獲得することはなかったが、それ以外の形態のエア・パワーは地上や海上における実用的な目的でその役割を果たした。たとえば、近接航空支援は大方の予想を上回るかたちで陸戦を決定的に左右したし、空輸は人員や物資を船で移動するよりも早く、安全に世界中に運んだ。飛行機から降下する空挺兵は、かつての騎兵などでは到底達成しえなかった戦略的機動性を陸戦にもたらした。

航空戦力を支援する技術の発展

さらに、エア・パワーの急速な進化を促す、あるいはそれに反するかたちで多くの支援技術が発展した。一九四〇年のイギリス本土の戦い(バトル・オブ・ブリテン)において、イギリスの東海岸沿岸に設置された長波レーダーにより、きわめて重要な早期警戒情報が同国の迎撃戦闘機にもたらされた。短波レーダーは戦間期における最も重要かつ創造的な発明の一つであり、航空機搭載レーダーや近接信管など一〇〇を超える用途を生み出した。無線の改良により、陸上部隊の指揮官は上空の近接航空支援機と直接交信できるようになった。さらに、新型の爆撃照準器の開発により、アメリカ人が好んで精密爆撃と呼ぶ任務が可能になったが、実験場と同じ精度を戦場で発揮することはなかった。長距離航法システム(のちにLORANと呼称)は、遠方の目標まで爆撃機を誘導した。対空兵器によって航空攻撃に対する地上からの防御が一定程度可能になった。最後に、核兵器が戦争末期に登場し、連合国と日本の双方が上陸作戦による大きな被害を回避するのに一役買った。これにより、決定力をめぐる論争の的となっていたドクトリンに関し、エア・パワーの熱狂的支持者は多少の体面を保った。

第二次世界大戦後、レーダーはコンピューターと融合し、防御面の対応を自動化する防空システムを生み出すと同時に、コンピューター・ネットワークの両用技術を発展させた。無人飛行機を用いた初期の実験により、ドローンとも呼ばれる無人航空機の土台が築かれた。後退翼やワスプ・ウエスト［蜂のように細くなった飛行機の胴体］をはじめとする空気力学の進歩によって超音速飛行が促進された。空戦で優位に立つために火砲やミサイルでも競争が起こった。空中給油によって軍用機の航続距離が伸びた。

結局のところ、軍事技術のイノベーションを規則的にし、組織化する制度モデルを世界にもたらしたのは航空分野であった。空中を飛行することは陸上、あるいは海上での戦闘よりも多くの技術的課題をもたらし、エア・パワーが計画的に陳腐化するサイクルは各国海軍の想定を上回る速度であった。ある世代の飛行機がまだ実用化に至らないうちから、その後継機の開発が行われたのである。新たなプラットフォームは前世代機よりも高く、速く、遠くまで飛べなくてはならなかった。兵器システムはより正確かつ強力で圧倒的なものである必要があった。さらに、その支援技術も安全性、信頼性、効率性において優れている必要があった。空軍では、ある歴史家が言うところの「能力欲」がいち早く定着し、莫大な費用のかかる苛烈な質的軍備競争へと突き進むことになった。他の軍種も空軍に追随し、程なくしてドワイト・アイゼンハワー大統領が名付けた「軍産複合体」が誕生することになる。

3　宇宙における戦闘

宇宙空間における戦闘の起源は多くの点で航空分野と似ており、当初は熱心なアマチュアが軍事的利用を考えずにそれ自体を目的として発明した。だが、軍事的利用の可能性はすぐに明らかになった。飛行機と宇宙船はまもなく軍事的活動のためのプラットフォームとして使われはじめた。両用技術の典型であり、「需要による牽引」と「技術による推進」の両方が当てはまった。宇宙船が飛行機と異なっていたのは、宇宙空間での戦闘の先駆的な積極論者が予見したような兵器プラットフォームには決してならなかった点である。

V2ロケットからICBMへ

宇宙旅行の技術がいわば「離陸」したのは、人間が月や火星、おそらくはさらに遠くに旅することが可能であり、そうなると予想した理論家や先覚者（ヴィジョナリー）に触発された一九二〇年代であった。こうした未来像は、二つの非凡なグループの生涯をかけた研究によって具体化された。すなわち、ドイツのヴェルナー・フォン・ブラウンの所属する宇宙旅行協会と、それよりずっと小規模なアメリカのロバート・ゴダード率いる研究チームであった。双方のグループは、初期型の小型液体燃料ロケットで実験を行っていた。実験で一定の成功を収めると、彼らは高高度に大重量を運搬可能なさらに大型のロケットを製作するという、より費用のかかる計画のために外部資金を求めた。フォン・ブラウンらはドイツ軍に資金援助を要請した。ゴダードは、スミソニアン協会、アメリカ海軍、グッゲンハイム家といった、より幅広い公的・私的な資金提供者に支援を求めた。第二次世界大戦までにドイツとアメリカで軍事的な研究開発が加速したため、ロケットに関する研究はゴダードやフォン・ブラウンが当初意図したような非軍事の宇宙旅行を目指すのではなく、兵器化へと向けられた。第二次世界大戦の終結までに、フォン・ブラウンのチームは、一種の巡航ミサイルであったV1（Vはドイツ語で報復兵器を意味するVergeltungswaffe の頭文字）「ブンブン爆弾」や、一〇〇〇キログラムの弾頭を搭載して約三二〇キロメートルまで到達可能な、さらに悪名高い恐るべきV2弾道ミサイルを開発していた。ドイツは、第二次世界大戦末期に三〇〇〇発以上のV2ロケットを連合国の目標に発射した。だが、その誘導システムの欠陥もあって、ドイツはロケットによる攻撃で敵の人命を奪うよりも、ロケットを製造していた強制収容所で自国の人間を死に追いやったほうが多かったのである。

　第二次世界大戦の終結時、アメリカとソ連はV2計画に関係した機材と人員の大半を接収し、その関係者を自国のミサイル開発計画に従事させた。ソ連のほうが長距離ミサイルを必要としていたため、自国領土からアメリカまで原子爆弾（ソ連はまだ完成させていなかったが）を運搬可能なＩＣＢＭ（大陸間弾道ミサイル）を開発する野心的計画を一九四七年に開始した。それに対してアメリカがＩＣＢＭ開発計画に本格的に着手したのは、ソ連の進展を察知してからであった。この対称的な兵器システムの開発競争では、ソ連が勝利を収めた。一九五七年一〇月四日に新型のＩＣＢＭを使用して民生用の科学衛星であるスプートニク一号を地球の軌道に打ち上げ、その成果を全世界に示したのである。アイゼンハワー大統領は宇宙の軍事化に消極的であったが、軍民混合型（ハイブリッド）の宇宙競争が続いた。

宇宙競争は米ソで平行して続いたが、双方ともＩＣＢＭという両用技術に依存していた。打ち上げ機としてのＩＣＢＭは、まず人工衛星を打ち上げ、次に人間を宇宙に運んだ。この時、同種の液体燃料ロケットの軍用型が核弾頭を搭載し、有人爆撃機に続く、戦略兵器システムの「三本柱」の第二の柱として加わった。一九五〇年代から一九八〇年代にかけて、アメリカとソ連はこの「三本柱」で抑止に基づく「冷戦」を戦ったのである。「三本柱」に最後の柱が加わったのは一九六〇年代のことで、リッコーヴァー海軍大将が育てた原子力潜水艦に安全なかたちで搭載可能な固体燃料弾道ミサイルが、アメリカ海軍によって完成されてからである。

非軍事分野における宇宙開発

アメリカは一九六九年に人類初の月面着陸を行い、非軍事分野の宇宙競争に勝利した。この宇宙飛行士たちは非軍用ロケットであったアポロ宇宙船を操縦したが、これはまさしく［軍民で柔軟に適応しながら宇宙開発に携わるという］宇宙旅行の「カメレオン」であったヴェルナー・フォン・ブラウンが設計したものであった。フォン・ブラウンは民生用打ち上げロケットの開発のためにアメリカ航空宇宙局（ＮＡＳＡ）に雇われていたのであり、軍には雇われていなかった。こうして一連のサイクルが終わり、月に行くことを望んでいた宇宙旅行の熱心な支持者は、軍務から解放されて夢を追えるようになった。

フォン・ブラウンが開発に寄与した両用技術は、第二次世界大戦から冷戦初期までは軍からの「需要による牽引」によって進歩した。だが、一九五〇年代になると逆転し、アメリカの民生分野

図8　1962年2月20日、フロリダ州のケープ・カナヴェラル空軍基地から、宇宙船打ち上げ用ロケットとして大陸間弾道ミサイル・マーキュリー・アトラス6が打ち上げられた。この打ち上げでは、宇宙飛行士のジョン・グレンを乗せたフレンドシップ7宇宙カプセルによるアメリカ初の地球周回飛行が実施された。アトラス・ロケットは軍事用と民生用の機能を果たす両用技術であり、いまだに現役である。

の宇宙開発計画において「技術による推進」の原動力となった。フォン・ブラウンはその偉大な才能と果てなき野望を非軍事の宇宙飛行に注ぎ込み、ある歴史家が「フォン・ブラウン・パラダイム」と呼ぶものを二〇世紀末に色濃く残した。このモデルは、人員と物資を低軌道に打ち上げる液体燃料ロケット（彼の開発したV2ロケットの後継）を想定していた。宇宙飛行士が有人飛行の基地として宇宙ステーションを低軌道に建設し、そこから月や火星、さらに遠方に向かうことになっていた。二〇一〇年代になっても、このモデルがNASAの長期計画の指針となっている。

歴史家のウォルター・マクドゥーガルは、NASAと民生分野の宇宙開発計画がまさしく他の手段をもってする冷戦の延長であることを明らかにしている。だが、アメリカは少なくとも軍用と民生用の宇宙活動を区別しようとしてきた。それに対してソ連は「ロケット軍」を設けて自国の軍事的宇宙活動を組織化し、その結果として陸軍、海軍、空軍と名目上は同等となる第四の軍種が生まれた。ソ連の民生分野の宇宙開発は、中央政府からの直接の統制を受け、競争関係にある複数の設計局で分担された。このソ連の組織配置は、宇宙が戦闘のもう一つの舞台になることは確実という認識を生み出す一端となった。これは歴史的に戦争が陸から海、空へと広がっていったのと同じである。ただ、宇宙では軍事兵器を運搬するプラットフォームが地球上のいかなる場所よりも複雑で、高価となり、潜在的には危険なものとなる。

だが、実際には戦闘は宇宙まで拡大しなかった。一九五〇年代には、ジョセフ・マッカーシーとその熱狂的な支持者が激しくあおった「赤狩り」で国内世論からの突き上げを受け、また軍産複合体からは宇宙の軍事化は不可避であるという切迫した警告があったが、アイゼンハワー大統領は屈しなかった。アイゼンハワーの後継として民主党から選出されたジョン・ケネディとリンドン・ジョンソンは、一九六〇年の大統領選挙での誇張された言辞（レトリック）を翻し、一連の合意や政策によってアイゼンハワーの警告を制度化していった。これにより、宇宙空間を軍事化するというアメリカの熱狂に歯止めがかかることとなった。一九六七年に宇宙条約が署名されるまでには、両超大国のみならず、世界の先進国の大半が宇宙に大量破壊兵器を配備しない、地球外の天体に対して国家の主権を主張しない、軌道上にある他国のプラットフォームに干渉しないことに合意していた。宇宙を飛行する費用は高いうえに軌道上の宇宙船は脆弱であり、地表を攻撃する兵器プラットフォームとして地球を周回する宇宙船を使うのは困難であったため、宇宙への兵器の配備は得策ではないことはほぼ誰の目にも明らかであった。一九八三年、ロナルド・レーガンが「戦略防衛構想」を提起するまで、宇宙への戦略兵器の配備を真剣に検討した大国はなかった。この構想は対弾道ミサイル防衛計画であり、防衛システムの一部を宇宙に配備する計画になっていたことから、当時の空想科学映画シリーズから「スター・ウォーズ」というレッテルをすぐにメディアから貼られた。それから二〇年後、ジョージ・Ｗ・ブッシュ大統領は対弾道弾迎撃ミサイル（ＡＢＭ）条約（一九七二年）から脱退し、この失敗に終わった計画を一歩前に進めた。だが、宇宙配備型のＡＢＭシステムの費用対効果の見通しが暗いことはすでに明らかであった。

宇宙活動では兵器が目立った役割を果たすことはなかったが、地球の軌道は重要な軍事的活動の舞台となった。冷戦期から二一世紀にかけて、偵察衛星や全地球測位システム（ＧＰＳ）などの非兵器技術が重要性を増した。二〇〇〇年代に起こったイラク戦争やアフガニスタンにおける紛争から二〇一〇年代までに、アメリカ軍では陸海双方で通信、情報、航法、気象情報の面で［各種の人工衛星などの］宇宙アセットへの依存が急速に高まった。その結果、アメリカは宇宙アセットが脆弱であることで、自国の安全保障が危機にさらされていると考えるようになった。それゆえ、二一世紀に入ると、宇宙開発国は衛星軌道上にある自国の宇宙アセットを守るとともに、潜在敵国のアセットを脅かすための新技術を開発した。この新たな軍備競争は、二〇〇七年に中国が軌道上の自国の旧型衛星の一つを破壊したことである種の頂点、もしくは最低点に達した。それは明らかに自国の技術力を誇示するためのものであった。その結果、宇宙ゴミ（スペースデブリ）が拡散し、地球を周回する他の宇宙船と連鎖的な衝突を起こすおそれをもたらした。まさに二〇一三年に公開された映画『ゼロ・グラビティ』［アメリカでの公開名は『グラビティ』］で見事に描かれたとおりである。中国はこの行為で非難され、宇宙開発国は宇宙に存在する自国の宇宙アセットの力と脆弱性を思い知ることになった。この出来事によって軌道上に兵器を配備することに関するタブーが強まった。いつの日か宇宙空間で戦闘が起こるかもしれないが、「フォン・ブラウン・パラダイム」の技術が置き換わるまでその可能性は低そうである。

4　近代戦

軍事技術の近代化

アメリカのユーモア作家であったウィル・ロジャーズは、「文明が進歩しないということはない……戦争のたびに新しいやり方で人命を奪うからである」と述べている。ロジャーズの簡明なる卓見は、この発言がなされた戦間期だけでなく、二一世紀初頭の状況も見事に言い当てている。だが、本書で何度も強調してきたように、この卓見は人類の歴史の大半に当てはまらない。何千年にもわたって、戦闘の手段や道具は氷河が流れるようにゆっくりと進歩した。西洋中世における火薬革命で戦闘に化学の力が加わったことで、戦闘の手段が刻々と変化する時代になった。近代戦はその過程をさらに加速させ、四つの物理的領域――陸、海、空、宇宙――にも広げていった。

歴史家は近代を二つの時期に分けるのが普通である。一般的に、中世からフランス革命までのおよそ一五〇〇年から一七八九年までの時期は「近世」とされる。それ以降の時期は「近代」とされるが、歴史家によっては二〇世紀の後半以降をポストモダンとして区別することもある。だが、ポストモダンの戦闘という概念は説明力が十分でなく、本書では現在まで続く一つの時代として「近代戦」を扱う。

人文科学や社会科学の研究者には、近代史に「近代性（モダニティ）」と呼ばれるひとまとまりの特徴があるとみなすものもいる。その最も重要な特徴として、①啓蒙主義的合理性、②世俗化［宗教との分離］、③国民国家の優越、④産業資本主義、⑤科学的・技術的進歩、そして⑥軍民双方を対象とした、ひときわ威力が大きく破壊的な戦闘形態がある。とくに二〇世紀には、二度の世界大戦による大殺戮と核戦争による破滅の可能性が、「近代性」に無気力で不吉な影を投げかけた。つまり、自らが招いた破壊的変化による人類滅亡の懸念である。

しかしながら、一九世紀には、とりわけ「進歩」が最も早かった西洋諸国において、近代性の恩恵はその危険性を大きく上回っているとみなされた。その根幹には進歩とはそもそも物質的なものであるという認識があった。つまり、物理的な世界を理解し、支配すれば、さらなる富、快適さ、安全性、健康が約束されるように思われた。少なくとも近代性を生み出し、定義してきた西洋諸国にとってはそう映った。科学哲学者のアルフレッド・ノース・ホワイトヘッドは、「一九世紀最大の発明は、発明法を発明したことだった」と述べた。彼が主張したのは、産業革命に先立つ西洋の科学革命という現象によって、技術的な発明に科学的方法を活用する手法がもたらされたということである。問題はそれぞれの構成部品に分割され、各部品は先行文献の調査、観察、仮説、実験、検証、イノベーション、そして生産という過程を経た。すべてのパズルのピースが手元にそろい、それらがシステム・オブ・システムズへと統合されると、今度はそのシステム全体が同じ過程を経ることになった。ライト兄弟による飛行機の発明は、その古典的な例の一つである。当然ながら、このイノベーションのシステムは民生用技術と同様、軍事技術でも機能した。だが、一八一五～一九一四年にイギリスによる平和（パックス・ブリタニカ）が続き、全般的に大国間戦争が起こらなかったため、戦闘の工業化が進んでいた諸国でもその潜在的殺傷力が覆い隠されてしまった。これから何が起こるかを植民地化された世界は目の当たりにし、少数ながら先見性のある人々も予見していた。だが、西洋では戦闘の近代化を自らの優れた文明の指標の一つとする見方が大半であった。

　すでに論じたように、帆船時代から蒸気船時代への海戦の変容は、一九世紀におけるイノベーションの事例研究に類するものとなろう。一八〇七年にロバート・フルトンが初めて実用化に成功した蒸気船オールド・ノースリヴァーから、一八九〇年代のイギリスのマジェスティック級戦艦にいたるまで、軍艦の艦砲、船体、装甲、推進機関、規模は変容を遂げた。だが、この変容には産業、技術、金融、行政上の基盤が不可欠で、これらの基盤は最先進国にしか整備できなかった。強国のフランスですら、二〇世紀に入るとこの海軍軍備競争から事実上脱落し、現実的にシー・パワーで競ったのはイギリス、ドイツ、日本、アメリカであった。野心的なロシアは自国の旧式艦隊で戦えると信じていたが、一九〇五年の日本海海戦において、海戦史上最大の敗北を被った。自走式魚雷、無線、回転儀、高圧タービンといった補助的な技術により、大国の海軍の戦闘能力はさらに強化されたのである。

軍事技術のなかで最も革命的であった火薬を動力とする兵器も劇的な変化を遂げつつあった。陸海の双方において、大砲や小火器は外部着火型、無施条、単発式から、自己発火型、施条(ライフリング)、連発式へと進歩した。いかなる場合でも、施条付きの砲は無施条の砲よりも射程が長くなり、射撃が正確になった。発火装置付きの事前装薬された弾（あるいは火薬袋）で、電気あるいは撃発による起爆が可能になった。拳銃では、回転式拳銃によって再装塡せずに連発が可能になり、一九〇〇年までに弾倉から給弾する拳銃が登場した。人力による再装塡——鎖閂式(ボルトアクション)［遊底を操作して給弾する型式］、あるいは底碪式(レバーアクション)［レバーを引くことで給弾する型式］——か、ガスや反動を利用した自動機構により、ライフルも弾倉を使って連発できるようになった。完全なる自動火器である機関銃は一九世紀末に出現したが、アメリカ南北戦争で使われた手動でクランクを回す形式の前近代的なガトリング砲から、一八九九〜一九〇二年のボーア戦争で大きな威力を発揮したマキシム機関銃にいたるまであった。アメリカ人は省力化技術に長けており、この大量殺戮兵器の先駆者であった。

一九世紀における陸戦の技術的変化は、火薬の導入で中世末期に始まった変化とは大きく異なっていた。両時代とも火力が勝利の鍵である点は同じだが、火力が増大する過程に違いがあった。中世末期から近世までは個人用火器や大砲は大きくて扱いにくく、敵を目前にして弾を再装塡するのは時間がかかるうえに難しかった。射撃するたびに銃身や砲身を拭い、火薬を装塡し、送り［火薬を押さえる紙や布などの詰め物］を入れ、最後に口径にちょうど収まる弾丸を押し込んでやる必要があった。それから、信管か起爆薬に外部から着火しなければならず、風雨に弱かった。

そうした火器の火力は銃手の訓練が鍵であった。一六世紀の小火器では、再装塡に九〇以上の手順を要することもあった。歩兵隊による一斉射撃では、再装塡が最も遅い銃手に合わせることになる。敵の騎兵は火器の射程距離外で待機しておき、しかるのちに全力で戦場を駆け抜け、再装塡が終わらないうちに銃手に襲い掛かることができた。一六世紀の歩兵隊の隊形では、再装塡中の銃手を守る槍兵を前面に配置することが多かった。最も訓練され、統制のとれた銃手が一番早く連射できたのである。

一九世紀には、銃手ではなく、銃自体によって射撃速度が高まった。近代技術の特質たる機械化と自動化が結びつき、戦場は弾丸であふれるようになった。兵士はまさに技術の発達によって熟練の必要がなくなった。彼らに必要とされたのは狙って撃つことだけで、射撃の正確性よりも弾数が重視されたのである。この弾丸の奔流を制約するアキレス腱となったのは、銃砲に弾薬を供給する兵站であった。

主にヨーロッパ出身の化学者が、一九世紀にさまざまな新しい装薬——アメリカでは無煙火薬と呼ばれる——を小火器と大砲にもたらした。火薬、つまり黒色火薬は、不完全燃焼することが常であり、固形の残留物で銃砲を詰まらせたり、濃い煙を発生させて陸戦の戦場だけでなく、海戦中に砲甲板や砲塔を覆い隠したりした。一九世紀に新たに開発された装薬の大半は硝酸繊維素（ニトロセルロース）（綿火薬）をベースに、安定性と爆発力を高める他の物質と混ぜ合わせたものであった。この新たな装薬は発煙と残留物を抑え、銃砲の威力、射程、信頼性を高めた。爆薬量を一定にすることで、より信頼性の高い射表の算定が可能となり、その結果として大砲の座標と射程をより素早くあわせ、さらに効率的に「効力射〔効果を狙った射撃〕」ができるようになった。想像はつくだろうが、こうした銃砲の改良は攻城兵器と艦砲の巨大化志向にも拍車をかけた。実際に、一九世紀の終わりに姿を現した近代的な戦艦は、決闘的な技術である大砲と装甲の競争にたちまち巻き込まれ、それが第二次世界大戦まで続くことになった。

非兵器軍事技術の近代化

非兵器軍事技術も一九世紀における戦闘の変化に影響をおよぼした。蒸気船がまずは民生向けの商用技術として始まり、一九世紀を通じて次第に軍艦に採用されていったことを想起すべきであろう。一八〇七年のロバート・フルトンによる処女航海から半世紀以上を経た一八六二年、モニターとメリマックがハンプトン・ローズで交戦し、蒸気船同士で初の海戦が行われた。非軍事分野のイノベーションの同じパターンは、炭鉱から石炭を運び出すことから始まった鉄道にも当てはまった。アメリカ南北戦争までには、戦域内、あるいは戦域間の兵員や補給物資の輸送は鉄道で行われるようになっていた。戦前に建設された鉄道網は東部戦域と西部戦域の間を結んでいたため、北部に有利であった。それに対して南部の鉄道は中心部と周縁部を結びつける目的で建設されていたため、北軍の攻撃路となった。一八六四〜七一年のドイツ統一戦争では、意図的に軍事戦略に資するかたちで建設された鉄道網により、プロイセン軍とその装備を前線に輸送する時間を短縮するとともに負傷者を本国に後送した。

一九世紀の通信手段も軍民双方の目的に役立った。電信によって一つの戦域内だけでなく、複数の戦域にわたって指揮・統制が拡大され、さらに軍人・文民指導者による現場に対する指導力が強まった。一九世紀末に海底ケーブルが敷設され、指揮官の影響力が国際的に広がり、一八一五年のニューオリンズの戦いのような悲劇も繰り返されなくなった。この戦いは、一八一二年の米英戦争の講和条約がベルギーのガンで締結されたのちに起こり、アメリカとイギリスの三三六人の兵士が戦死したとされている。

多くの発明が生まれた一九世紀には、その他無数の非軍事的イノベーションが起こった。ナポレオンの軍は交換式の部品を試したが、これはアメリカの発明家であったイーライ・ホイットニーが一九世紀初頭に完成させたとする技術であった。実際には、ホイットニーが作った部品を交換可能にするにはやすりがけが必要であった。だが、彼が先例を示したことで、後世の発明家がその技術を完成させる後押しとなった。人間は三〇〇〇年以上にわたって製鉄を行ってきたが、冶金術における一連の発見や製造技術のイノベーションにより、注文に応じた多様な形態の鉄を大量に生産する機械化と工業化が可能となった。クルップやカーネギーといった一九世紀における巨大製鉄企業は、機関車、高層ビル、戦艦、大砲向けの鉄を生産して富を築いた。製鉄の産業基盤はまさしく経済力と軍事力の証となったのである。きわめて日常的なものでありながら、その用途で変革をもたらしたのは、平凡なブリキの缶である。世界中の人々に多様で経済的な食料をもたらし、行軍中の兵士の栄養源となった。フランスの奇才モンゴルフィエ兄弟は有人気球の世界を開拓し、気球はすぐに偵察用プラットフォームとして軍事的重要性を帯びるようになった。やがて飛行機が登場するのは明らかであった。

技術的変革による戦争の変化

こうした急速な進歩を遂げた技術による戦闘の変化は、帝国主義的戦争に最も大きな影響を与え、先住民に対する西洋国家の非対称的な優位をもたらした。もちろん、西洋諸国は一五世紀から始まる西洋の帝国主義の第一波でも同じような優位を享受していた。たとえば、スペインの征服者（コンキスタドール）であったエルナン・コルテスは、舷側砲を備えた帆船で西洋の力をメキシコ沿岸に投射した。その後、火薬兵器、騎馬、現地で建造した砲艦を有する数百人の兵士からなる侵略軍でアステカ帝国の首都を占領し、その全土を征服した。実際には、コルテスは自らの軍事技術だけでなく、現地の協力者にも少なからず頼っていた。だが、火薬を装備した軍に恐れを抱き、意表を突かれた先住民はアステカの人々だけではなかった。

歴史家のダニエル・ヘッドリクは、西洋帝国主義の第一波により、近代の初期にあたる一八〇〇年までにヨーロッパ諸国が世界の陸地の三五パーセントを支配するようになったと述べている。いわゆる長い一九世紀［フランス革命から第一次世界大戦の開戦までを指す］の間に、これらの諸国が新技術を用いてその支配地域を八四パーセントまで増やした。ヘッドリクによれば、この一世紀の間に地球の陸地の半分を征服する鍵となったのは、内陸部への戦力投射であった。一六世紀のコルテスによるメキシコ征服は例外であった。近世のヨーロッパによる征服の大半は、舷側砲を備えた帆船によるものであった。この帆船により、非工業世界における主要な貿易国の港に入り、輸出入の流れを支配することができたのである。大砲や小火器を装備した軍隊を背景に総督を任命し、宗主国の重商主義的な利益にかなったかたちで、富や資源を現地の支配者を通じて港から出し入れした。帝国主義国家は植民地化した国家を占領することなく資本主義的な目的を果たせたのである。

ヘッドリクは、一九世紀になると、技術的変革によりこうしたモデルに変化が生じたという。蒸気船によって、西洋諸国は船舶の航行可能な河川を通じて内陸部まで海軍力を投射できるようになった。電信のおかげで、港湾都市や首都にいる総督が内陸部にある拠点と連絡をとることが可能となった。近代的な大砲と小火器の火力が強化され、西洋の軍隊は少数でも、筋力で動かす旧式の武器しか持たない先住民の大軍に対して優位に立てた。河川で到達できない内陸の拠点には、鉄道が西洋の軍隊を輸送した。スエズ運河により、アフリカやアジアの東方、南方にある植民地とヨーロッパ諸国との連絡路が短縮された。総督は本国の政府と海底ケーブルで連絡がとれた。実際には技術とは言えないが、キニーネは最も危険な風土病の一部から植民者を守った。つまり、一九世紀の技術によってヨーロッパの帝国主義国家は領土と住民のすべてに対して支配をおよぼすことが可能になったのである。

技術は一九世紀における帝国主義的戦争に対して決定的な影響を与えたものの、大国間戦争にはさほど影響をあたえなかった。その理由の一部は、大国——ほとんどがヨーロッパ諸国であり、それに加えてアメリカと、一九世紀末から日本――は技術変化に追随していたからである。工業化された国家の陸海軍は対称的な軍備を保有していた。大国は帝国主義的戦争を占めていた非対称性を経験することは総じてなかった。それよりさらに重要だったのは、単純に一九世紀には大国間戦争がほとんどなかった点である。一八一五年のワーテルローの戦いでのナポレオンの敗北から一九一四年の第一次世界大戦の勃発まで、イギリスによる平和(パックス・ブリタニカ)が世界に定着していた。これは、イギリスによる世界の海の支配に加え、フランス革命とナポレオンによる四半世紀にわたる戦争でヨーロッパが疲弊していたことを反映したものであった。このパターンには大きな例外が二つ存在し、工業国家間の戦闘を技術がいかに変容させるかを予兆するものとなった。だが、例外を目の当たりにしても、いかに徹底的な変容になるかを多くの人々は認識できなかった。

アメリカ南北戦争とドイツ統一戦争

アメリカ南北戦争(一八六一～六五年)では、史上初のものが数多く誕生した。農業主体の南部に対する北部の産業上の優位は、優れた輸送網や通信網から生産基盤にまでおよんでおり、南部連合の諸州がゼロから作り出すより早く戦時生産に転用できた。北部は海軍を保有し、それを支える産業と港湾施設も抱えていた。それに対して南部は、北部による海上封鎖の突破、通商破壊、機雷、魚雷、潜水艦といった、革新的ではあったが不十分な試みで対抗した。こうした南部のイノベーションに対して北部は対抗ないし模倣しつつ、装甲河川砲艦をその軍備に加えている。双方は、ハンプトン・ローズでの海戦に向け、モニターとメリマックという蒸気を動力とした装甲船を開戦から一年のうちに配備し、新たな取り組みへの熱意を示した。ハンプトン・ローズの海戦は、帆船から蒸気船の海軍へと進化した転機と捉えられることが多い。北部は人口や富の面で常に圧倒的な優位を誇っていたが、現代的な用語で「戦力倍加要素（フォース・マルチプライヤー）」をもたらした技術的優越によってその差はさらに広がっていた。

ドイツ統一戦争（一八六四～七一年）は、変化を遂げる軍事技術の実験場になった。デンマーク、オーストリア、フランスとの相次ぐ戦争でプロイセンは迅速かつ決定的な勝利を収め、世界に衝撃を与えた。ほとんどの歴史的大事件と同じく、同国の成功の陰には多くの要因があった。とりわけプロイセンの軍国主義化、敵国の不備、プロイセン軍の職業軍人化、そして競争相手を孤立させ、外部からの干渉を防いだオットー・フォン・ビスマルク（一八一五～九八年）首相による冷徹な地政学的工作が挙げられる。技術は運用面で寄与し、とりわけ鉄道の戦略的使用と、兵士が伏せた姿勢のまま弾薬を装塡することを可能にしたプロイセン製のドライゼ銃が誇った高品質が光った。だが、普仏戦争（一八七〇～七一年）までには、決闘的な技術開発の衝突という、工業化された近代戦において顕在化しつつあったもう一つの特徴のせいでプロイセンの優位は脅かされつつあった。フランスのシャスポー銃は、ドライゼ銃に匹敵する性能を有していることは明らかであった。この結果、両国は対称的な小火器で戦うことになり、イノベーションで目指した優位はある程度まで相殺されたのである。

軍事技術の行き着く先

一九世紀半ばのアメリカとヨーロッパで行われた大国間戦争で示された力を、ほとんどの人間は驚きの目をもって迎えた。これらの戦争はより大きな物語、つまり自然の力と世界の未開民族を人類が支配するという流れにうまく合致した。一九世紀の末期には、西洋人は自らの技術的な偉業を祝福するために数十もの国際展覧会を開催した。一八五一年のロンドン万国博覧会が範を示すと、同様の博覧会が一九世紀のうちにあちこちで開催された。歴史家のマイケル・アダスの言葉によれば、ヨーロッパ人は「機械を人類の尺度」、つまり彼らの文明が優れている証であると同時に、周りの世界を征服し、自らのイメージに合わせて改変するのを正当化するものとみなすようになったという。

一九世紀末には、近代兵器の殺傷力の増大への懸念から軍備管理への関心が喚起された。この傾向は二〇世紀を経て二一世紀まで続くことになる。有史以来、そしておそらくはそれ以前から、人間社会では、自分たちと同質の社会を相手にする場合、一部の軍事技術および手法の使用を制限することで一致していた。しかしながら、流浪民や蛮族、すなわち「異質な者たち」との戦争では、たいていの場合、この種の制約はなかった。一一三九年に開かれた第二ラテラン公会議における有名な石弓(クロスボウ)に関する教会法(カノン)は、石弓を他のキリスト教徒に用いることについて非難しているものの、イスラム教徒に対する使用は許容している。一八九九年と一九〇七年のハーグ平和会議では、毒ガス、命中時に弾頭が広がる弾［ダムダム弾］や気球から投下する投射物の使用、商船の武装、自動触発機雷の敷設を制限した。そうした禁止の効力は、「軍事的必要性」が戦争法に優先される場合があるという主張によって常に制約されてきた。軍備管理は、その遵守が参加国にとって最善の利益になるとみなされた時に最も機能するのが常である。

だが、二〇世紀になると、軍事技術の進歩によって行き着く先を明確に認識していたのは、並外れた慧眼で同時代の歴史を見つめていた者たちに限られていた。そのうち最も優れていたのは、ポーランドの銀行家で投資家であったヤン・ブロッホ（一八三六～一九〇二年）であった。彼は複数巻におよぶ一九世紀の戦闘を分析した著作で、戦争はその決定力を失う運命にあると予想した。小火器や大砲の火力が高まれば、戦闘員は地面を這いつくばることになり、戦場における機動は姿を消すことになる。軍隊の規模と力は増すであろう。戦場は指揮官が目視したり、掌握したりする能力を超えて広がっていく。そして、産業が巨大な軍隊に食料と弾薬を果てしなく供給する。ブロッホによれば、その結果は膠着（こうちゃく）した消耗戦となり、勝利ではなく双方が精神的・経済的に疲弊して終わりを迎えることになるという。そうした膠着状態の根幹には技術があった。

5　総力戦

二つの世界大戦

ブロッホの不吉な予言は、その内容とほぼたがうことなく、第一次世界大戦（一九一四～一八年）における西部戦線の塹壕（ざんごう）で現実のものとなった。そこでは、大国の軍人が戦場を榴散弾や弾丸で満たし、兵士たちは、スイスからイギリス海峡にわたってジグザクに続いていた塹壕に追いやられたのであった。双方が膠着状態を打破するため、戦略、戦術、戦法、技術の変革を試みた。［砲兵による］弾幕射撃、化学兵器、海上での通商破壊戦、戦略爆撃、ガリポリにおける戦略的陽動、火力と機動の先駆的戦術が試され、初歩的な戦車まで投入された。だが、すべて役立たなかった。ブロッホが予想したように、最終的には精神的・経済的な消耗が結果を決めたのである。

第二次世界大戦（一九三九～四五年）は、大国による一つの世界戦争の第二段階とみなされることもあるが、第一次世界大戦よりも大規模かつ革命的であり、人類の歴史の分水嶺となったのは明らかであった。まず、両大戦は人類が最初に経験し、二度しか起こっていない総力戦であった。第二に、両大戦は工業生産をめぐる戦争であり、最も多くの物資を生産した国家連合が勝利を収めた。第三に、第二次世界大戦は人間による戦闘の四つの領域である陸、海、空、宇宙のすべてで行われた最初の戦争となった。第四に、第二次世界大戦は人類史上初めて開戦時と終戦時で使われていた兵器が大きく異なった戦争であった。第五に、第二次世界大戦は最後に戦われた大国間戦争であった。そして第六に、第二次世界大戦は戦闘の技術と人類の歴史の双方にとって一つの転換点となった核革命で終止符が打たれた。

ジャーナリストで歴史家のウォルター・ミィリス（一八九九～一九六八年）は、三つの歴史的な大革命の帰結として「総力戦」を考えるべきだと主張した。まず、フランス革命により、国民皆兵、つまり国民総動員が始まった。次に、産業革命によって、フランス革命で生まれた国民軍を動かしたり、武器や装備を提供したりするのに必要な戦争物資の生産方法が示された。二〇世紀のフォード主義（フォーディズム）［自動車の大量生産で有名なフォード社の経営手法］と大量生産は、この工業化の速度と効率を高めるのに一役買ったに過ぎなかった。最後に、プロイセンの参謀本部が生み出した管理革命により、必要とされる時間と場所に国民軍を集結させることが可能になった。こうした能力が備わったからこそ、五〇〇〇年におよぶ軍事技術の進歩が二つの世界大戦での大殺戮と破壊という極致に達したのである。

両大戦は工業生産の競争であり、近代性が工業化と二〇世紀の大量生産と結びついたものであった。戦争中に交戦国は敵国の軍備だけでなく、その士気と物質的資源も破壊しようとした。その結果、必然的に敵国の国民が目標となった。なぜなら、国民は国家の士気と生産能力を体現していたからである。かつて戦闘のためにこれほど多くの物資が動員されたことはなく、また破壊されたこともなかった。有史以来の戦争では、ほとんどの場合、人命の損失は直接的な攻撃よりも疾病、飢饉、避難によるもののほうが多かったが、両大戦は違っていた。殺戮と破壊そのものが工業化され、交戦国はこれまでに経験したことのない規模で荒廃した。枢軸国では、国民が士気を喪失するよりも前に物資の枯渇に至ったのである。

歴史の大半において人間は陸上で戦った。古代末期ないし古典古代初期になってようやく、国家間の戦争が海上で行われた。人間が最初に飛行するまで二〇〇〇年におよぶ技術開発を要したが、初飛行から最初の空戦まではほぼ一〇年もかからなかった。宇宙空間における戦闘はそれからわずか数十年しかかからなかった。V2ロケットの発射軌道は、第二次世界大戦中は地球の大気圏内にとどまっていたが、宇宙空間に到達することが可能であり、実際に到達している［一九四二年一〇月にドイツのペーネミュンデで実施された打ち上げ実験により、V2ロケットは宇宙空間に到達した最初のロケットとなった］。両大戦によってわずか半世紀の間に戦争の新たな領域が二つもたらされた。その結果、技術は制御不能になったという不安感を人々は強く抱くようになった。現代軍事技術の研究者にはサイバー戦を第五の戦闘領域に分類するものもいる。だが、サイバー戦は第二次世界大戦でも活用された電磁的制御機構が登場した時には存在していた。

第二次世界大戦では、一九三九年以前には存在しなかった重要な新兵器が開発、導入された。そのうちには、マイクロ波レーダー、ジェット推進、近接信管、誘導ミサイル、巡航ミサイル、「精密」爆撃照準器、音響魚雷、コンピューター化された暗号解読、そしてもちろん原子爆弾も含まれている。ここで言及しておくべき重要な点は、制度化された体系的な軍事的研究開発が第二次世界大戦中に出現したことであろう。

核兵器による「長い平和」

第二次世界大戦は最後の大国間戦争であった。実際に、一九四五年以来、いかなる国家間戦争もほとんど起こっていない。戦争の大半は国家の内部で起こっており、それも破綻国家における反乱、暴動、内戦、無秩序に起因するものである。こうした紛争では、総力戦のように国家のすべての資源が動員されることは少ない。この種の戦闘における技術は、場合によっては必要に迫られて、「通常」戦力的なものとなることが普通である。つまり、第二次世界大戦と同じ諸兵科連合パラダイムを活用し、歩兵、砲兵、搭乗兵（戦車、兵員輸送車、そしてその後はヘリコプター）による戦いを、戦術ロケットやミサイル、そして近接航空支援で補完するかたちとなっている。一九四五年以降に大国間戦争がなかったという事実が、この新たな技術的停滞を促した。この点は、近代の軍事技術のうち最も革命的な核兵器についても同様である。第二次世界大戦の最末期に登場した核兵器は、二〇一〇年代でも続く「長い平和（ロング・ピース）」（ジョン・ルイス・ギャディスによる大国間戦争不在の状況を表す名称）の始まりを告げた。この「長い平和」は多くの要素によってもたらされた。それには、工業化された通常戦争の破壊力、国連のような新たな国際機関の創設、法の支配への関与の拡大、国際社会における相互連関の高まり、通信と運輸の加速、近代的戦争でもはや勝利は不可能との認識の広がりなどが含まれる。

しかし、このいずれの要素も広島や長崎の原爆のような破壊の明確性や即時性、そして規模を持ち合わせていなかった。冷戦は第二次世界大戦終結から二〇年の間に軍備競争を引き起こし、超大国は原子爆弾からその何十倍も軽量、安価、強力な熱核兵器［水素爆弾］へと移行する一方で、核兵器は他国に拡散した。その間に核戦争の禁忌(タブー)が人間社会に定着した。人類はあまりにも恐ろしくて使えない兵器をついに開発してしまったのである。両大戦以前には、近代的戦争に勝利するという幻想がまだ残っていたが、広島と長崎［に原子爆弾が投下されたこと］で、それは現実たりえないことが明らかになった。二つの超大国は合わせて七万発もの核弾頭を蓄積したが、二度と核兵器を使用しないという点で合意が形成されていた。

核時代が始まって七〇年を経てもこの合意は保たれている。核兵器はいまだに存在し、ゆっくりと拡散している。だが、核兵器はこれまで国家間の平和を保証する役割を果たしてきた。過去七〇年間に大国間戦争は起こらず、国家間戦争がわずかに起こっただけであり、それも国際協力によって限定されてきた。もちろん、この長い平和が終わりを迎える場合もあろうし、核のタブーの効力がなくなる可能性もある。自殺的なテロリズムを行うべしとするイデオロギーの信奉者が、いつか原子爆弾や熱核爆弾をはじめとする大量破壊兵器を入手するかもしれない。だが、彼らが怒りに任せてそのような兵器を爆発させたとしても、核兵器は抑止と報復で役割を果たすが、攻撃目的には役立たないことを思い知るに違いない。夜のニュースで日々人命が失われていることが報じられているが、少なくとも現時点では、核革命のおかげで人類がかつて経験したことのない平和な時期がもたらされているのである。

第4章　技術的変化

1　研究開発

第二次世界大戦期の兵器の研究開発

第二次世界大戦は新兵器を生み出しただけでなく、世界と軍事技術との関係に二つの大変化を引き起こした。第一の変化は、すでに述べた核革命であるが、これについてはあらためて後述する。軍事技術に関する第二の変化は、制度化され、定型化された近代的な研究開発であった。

第一次世界大戦は、科学的・技術的研究がある程度動員されたとはいえ、結局のところは工業生産をめぐる戦いであった。第二次世界大戦も、アメリカが民主主義の巨大な兵器廠（しょう）としての役割を果たし、多くの点で同じパターンを踏襲した。アメリカの国内総生産（GDP）は、イギリス、フランス、ソ連という主要な同盟国のほか、連合国側のすべての国家のGDPを合わせたものを上回っていた。以上の国家のＧＤＰは、終戦までに枢軸国の総計の五倍に達していた。北大西洋における戦争は、一九四三年前半になってようやく連合国側が優勢となった。連合国による船舶と貨物の生産が、ドイツの潜水艦による損耗を上回るようになったのである。一九四四年から一九四五年にかけての冬に行われた決戦であるバルジの戦いで、ドイツは燃料切れになった自軍の戦車を戦場に放棄せざるをえなくなって敗北した。それに対して、連合国側はベルリンに進撃する戦車やトラックの隊列に補給すべく、イギリス海峡を横断する海底に燃料パイプを開通させていた。ナポレオンの軍は胃袋で動いたかもしれないが、二〇世紀中盤の軍隊は石油を燃料とする内燃機関で動く船舶、飛行機、自動車で移動した。その後ろに伸びる補給線はルーズヴェルト大統領の兵器廠まで果てしなくつながっていたのである。

だが、連合国――とりわけアメリカ――の産業力に支えられた、複数の国家からなる強力な軍事力は、必ずしも常に最高の軍需品を生み出したわけではなかった。たとえば、アメリカ海軍の飛行機と魚雷は日本よりも劣っていた。アメリカの戦車はドイツとソ連の後塵を拝していた。ドイツもイギリスも終戦前にジェット機を飛行させたが、アメリカは成功していない。ドイツの長距離潜水艦はアメリカの潜水艦とあらゆる点で同等であった。戦争末期にドイツは連合国側の物量による圧力で崩壊しつつあったが、ヒトラーは逼迫(ひっぱく)する資源を秘密兵器、つまり戦局を変える可能性のある新技術につぎ込んだ。そのうちのジェット機、とりわけＭｅ‐２６２は、戦場における連合国の制空権を拒否しうる潜在能力をもっていた。しかし、あまりにも多くの欠陥があったうえに燃料が不足し、数をそろえられなかったため、連合国の深刻な脅威にならなかった。ヴェルナー・フォン・

ブラウンが作ったロケットはイギリス国内の目標を射程に収めていたが、同国を屈服させるだけの命中精度や数を欠いていた。だが、これらの新兵器の潜在能力は、軍事的発明やイノベーションを連合国側だけが独占していたわけではないことを示している。太平洋戦争を終わらせるために原子爆弾が広島と長崎で炸裂したことで、戦闘に対する研究開発の決定的な影響が裏付けられたのである。

アメリカは、自国の軍事技術の多くが敵国よりも劣っていたという痛ましい経験から学んだ。壮大なマンハッタン計画を含め、アメリカの科学技術当局は戦争中に輝かしい偉業を残したが、新たな軍事技術を開発するには戦前の制度に立ち戻れないと軍上層部は結論したのである。両大戦の主たる勝因は量であったが、次の戦争の勝敗は質が左右する可能性があった。

第二次世界大戦後の国防研究開発

アメリカにおける科学技術の戦時動員を牽引したのは、ヴァニーヴァー・ブッシュであった。ブッシュは第二次世界大戦中に科学研究開発室長を務め、フランクリン・ルーズヴェルト大統領の事実上の科学顧問となった。第二次世界大戦の終結に際し、ブッシュは『科学——この終わりなきフロンティア』(一九四五年)を大統領に向けて書き上げ、これがアメリカにおける軍事、医療、経済のイノベーションを実現する研究開発への公的支援の青写真となった。第二次世界大戦における経験を踏まえ、ブッシュは科学者が最も事情を知る立場にあると確信していた。政府は「科学研究機関」に予算を拠出し、課題の設定は科学者に委ねるべきであった。だが、アメリカ政府はいかなる集団に対しても全権委任することを望まず、ブッシュの計画を退けて国立科学財団（ＮＳＦ）を科学分野、国立衛生研究所（ＮＩＨ）を医療分野の基礎研究のために設立した。それ以外の政府予算による研究開発のほとんどは、新たに設立された国防総省をはじめとする各担当省庁に委ねられた。ＮＳＦとＮＩＨは一般的な科学的知識を深めることを目的に「基礎研究」を行い、ある種の「技術による推進」の役割を果たした。他方、各省庁はそれぞれの具体的な必要に応じて科学技術の潜在能力を活用し、「需要による牽引」を担うことになった。

国防総省の内部では、陸軍、海軍、そして新たに独立した空軍という三つの主要な軍種が、それぞれの組織的目標とドクトリンに合致した技術革新を推進するための独自の機構をすぐに作り出した。三つの軍種のうち最も技術とは縁遠かった陸軍は、コンピューターの開発を行っていたペンシルバニア大学のムーア・スクールのような、戦争中の研究委託先に支援を続けることを決めた。陸軍は自らの技術開発を監督するために内部基盤を整備し、まず［陸軍参謀本部に］研究開発課、次に研究開発部を設置した。だが、それ以外は伝統的な工廠制度に依拠してイノベーションをもたらした。

海軍は、大学などの基礎研究機関と長年にわたって築いた関係を活かし、三つの軍種のなかで明らかに最も先進的であった。海軍は第二次世界大戦中に設立された海軍研究局を維持・拡大するとともに、ワシントンにある伝説的な海軍研究所（ＮＲＬ）の活動も拡充した。これらの機関が、海軍で確固たる地位を築いていた船舶設計・開発部門を補完し、船舶部門はのちに海軍海洋システムコマンドへと発展していった。

第二次世界大戦における陸軍航空軍の後継たる空軍は、政府の支援によるイノベーションの新たなモデルを目指して最も劇的な措置をとった。部外委託に頼る戦争中のパターンを踏襲し、手始めとしてカリフォルニア工科大学の伝説的な航空工学者であったセオドア・フォン・カールマンを招き、科学顧問会議の座長を任せて航空の将来に関する一二巻からなる研究成果を生み出した。フォン・カールマン自らが著した第一巻の題名である『科学──制空権の鍵』がそのすべてを物語っていた。空軍は部外委託によってイノベーションを買い漁り、アメリカの軍事的研究開発の中心となるシンクタンクの走りであった（研究開発の頭文字をとった）ランド（ＲＡＮＤ）研究所にも予算を出した。空軍は陸軍の工廠の伝統も引き継ぎ、オハイオ州デイトンのライト・フィールドにあった部内の研究開発部門を拡大するとともに、テネシー州テュラホマに所在するアーノルド技術開発センターなどの研究所を新設した。

新技術に対する各軍種の熱意はすさまじく、国防長官は無謀なイノベーションに制度的制約を課す必要性を痛感した。一九四七年の国家安全保障法により空軍と国防長官府が新設されるとともに、研究開発委員会の設置も義務付けられ、アイゼンハワー政権下で研究開発担当の国防次官補へと格上げされた。この役職は一九五三年以来、名称が変わりながらも存続している。［ソ連の］スプートニク一号が打ち上げられたのに加えて、各軍種が多数の宇宙計画を提出したことにより、アイゼンハワーは技術的優越を目指した計画が競合する状況を整理するだけでも、別の機関が必要との結論にいたった。高等研究開発局（ＡＲＰＡ）は、各軍種から提出される粗削りな提案を選別する目的で一九五八年に設立された。だが、ＡＲＰＡも独自の路線を開拓し、国益にかなうと思われる新技術を見つけて開発するという別の役割も担うようになった。

こうした組織的な後押しによって国防研究開発は冷戦期に急速に肥大化し、とてつもない技術の怪物を作り出すこともあった。スプートニク一号の打ち上げ後、陸軍は月面基地の建設を提案した。なぜなら、常に「高地」を占めるというのは軍事理論の基本だったからである。一九五〇年代に陸軍と空軍は、いわゆるソー・ジュピター論争に巻き込まれたが、それぞれが同じ中距離弾道ミサイルを独自で開発しようと莫大な費用をつぎ込んでいた。国防費をめぐる軍種間の対立は、役割と任務、そしてそれにともなう予算を獲得するための官僚的手法の一つとしての技術革新に拍車をかけた。海兵隊はハリアーやオスプレイといった垂直離着陸機の開発を主張したが、これらは効用を上回る費用がかかることは明らかであった。海軍は原子力推進艦隊の追求を主張したが、潜水艦とおそらくは空母を除けば原子力は明らかに費用がかかり過ぎた。空軍は再利用できる有人宇宙飛行機の開発を試みた。だが、まずいことに空軍はその計画に「ダイナミック・ソアリング」〔大気圏の上層部を反跳しながら飛行する方法のこと〕からとって「ダイナソア」という名称を選んだが、それはまさしく恐竜（ダイナソー）そのものであった。空軍の二一世紀における大出費はF-35多目的戦闘機であり、空軍を破産させる勢いである。

軍事的イノベーションの制度化

この技術への熱意と技術開発が急激に高まる環境に対し、一九六一年のアイゼンハワー大統領の離任演説で「軍産複合体」というレッテルが貼られた。アイゼンハワーはこのレッテルを使い、軍と防衛産業が冷戦の危険性を誇張し、非常に高価な先端技術によって安全保障を推進する点で利益を共有した癒着関係にあると主張した。それ以来、アメリカの議会や大学もこの「複合体」と共犯関係にあるとみる人々も多い。議会の議員にとって自らの選出州や選挙区において軍事的研究開発を推進することは有益であり、大学も軍から研究費を受けることは有用であると考えていた。この点でアメリカが特殊というわけではなかった。ある歴史家は冷戦期のイギリスに「戦争国家」を見出していたし、カリフォルニア大学バークレー校の政治学者の一人は、冷戦最中のアメリカには軍産複合体があったかもしれないが、ソ連は軍産複合体そのものであったと述べている。

つまり、勝利を得るための新たな軍事技術の開発競争によって、大国は軍事的イノベーションを制度化するようになったのである。この過程では、新世代の兵器の運用が始まると同時に次世代の兵器システムの開発に着手することもあった。この計画的な陳腐化は、一九五〇年代から一九六〇年代のアメリカの自動車産業で推進された毎年のデザイン変更に似ている。「能力欲」が兵器システムの要求性能の特徴となり、費用は上昇する一方で信頼性は低下した。工業国家の軍当局は他国の軍とではなく、自国内で競い合うことになった。競争の誘因は最新技術への需要が絶えそうにない国際兵器市場からもたらされることもあったが、ほとんどは各国で自己拡大する軍産複合体のなかから湧いてきた。

こうした問題の一部は時とともに解決された。冷戦は、多くの人々が恐れていた第三次世界大戦を引き起こすことなく進んだ。たしかに世界はジョン・ルイス・ギャディスのいう「長い平和」に戻ったのである。だが、戦争時と平和時を問わず、アメリカ政府の研究開発費のほとんどを掌握していたのは軍であった。このパターンは多くの点で論争を招くものであった。問題の多い技術の開発に多額の資金を投入することで、より長期にわたる根本的なイノベーションをもたらす可能性のある基礎研究を圧迫している。軍事的研究開発は、エネルギー、輸送、インフラといった民生分野への投資と比べると経済成長への貢献が薄いと考える経済学者は少なくない。民間の研究開発が軍事用途に波及する可能性はその逆よりも高い。そして、軍事的研究開発は余分な出費が多い傾向にある。なぜなら、関係者が独占的であると同時に寡占的な市場で活動しているからである。つまり、その市場には「能力欲」に取りつかれた買い手が一人と、価格に基づかない競争に魅せられた少数の売り手しかいないのである。

2　両用技術

技術は軍民双方の目的に活用されるというだけでなく、別の意味で両用となっているものもある。つまり、軍が兵器として使うと同時にそれ以外の役割にも活用しうる技術がある。その一部の例は本書でもすでに登場しており、要塞、道路、チャリオット、蒸気機関、輸送機、原子力などがあげられる。だが、この種の軍事技術に対してはより詳細な分析が必要である。なぜなら、この技術分野によって技術全体のより大きな文脈に戦闘の技術が位置づけられ、軍と市民社会の間で変わることなく続く双方向的発展の重要な一面を照らし出すからである。社会がそれにふさわしい軍をもつのと同じく、軍事技術についてもそれに見合ったものを獲得する。さらに、多くの民生技術は軍事に起源をもちながらも市民社会をかたち作ってきたが、その方法についてはほとんど明らかにされてこなかったのである。

非兵器両用技術

両用技術の最も明白な候補は非兵器軍事技術である。非兵器軍事技術は、人や物に対して攻撃を加えることなく戦闘を支援する。戦闘における必然の潮流の一つになっているのは、非兵器軍事技術の数と重要性が増していることである。最古の戦闘は間違いなく最も単純な道具、つまり槍、ナイフ、棍棒、石、弓矢といった武器のみで始まり、支援の必要はほとんどなかった。だが、時を経るとともに、防具、兵站、情報、通信、医療、輸送などの面で支援すれば、兵士がより勝利を収めやすくなると社会に認められた。

こうした役務や補給物資が増えていくにつれ、戦闘要員は「槍の穂先」とみなされるようになった。そのうち、槍の柄のほうが穂先を上回るようになり、二一世紀には支援のための要員や物資が軍隊の九〇パーセント以上を占めるようになった。この戦力の内訳を現代の用語では、戦闘部隊と支援部隊のバランスを意味する「正面・後方比率」と呼んでいる。軍では目標に物理的影響を与える戦闘要員を上位に位置づけて尊重する文化が残っている。だが、非兵器技術が数の上でも重要性の面でも槍の穂先の技術を上回っているのが実情である。いくつかの事例を用いてこの点を明らかにしていく。

〈要塞、城壁〉

非兵器技術のうち、最も影響力のあった要塞についてはすでに触れた。要塞は戦争の勝敗を決めたわけではなかった。もちろん、時にはそういう効果もあったが、戦争がいつ起こるか、そしてさらに重要なのはいつ起こらないかを左右する影響のほうが大きかった。社会と離れて生活を続ける蛮族や牧畜民から切り離されると、国家や文明は城壁を含めた巨大な建造物を中心に都市を建設するようになった。この城壁はもちろん技術ではなく技術集成品であった。だが、巨大建造物の建築技術の面で、城壁は寺院や神殿、公共広場と共通点があった。エリコのような石造り、ウルクのような日干し煉瓦造り、あるいはローマのようなコンクリート造りのいずれにせよ、ほとんどの都市に蛮族を防ぐ城壁があった。コンスタンティノープルを一一〇〇年以上にわたって守ってきた城壁をはじめ、攻撃してくる敵を退けると同時に威圧することを目的に城壁は建築された。その存在は、都市の住民たちがいかなる挑戦にも受けて立つ力と資源を有していることを誇示するものでもあった。つまり、城壁は戦争の抑止力であり、それでもあえて攻撃しようとする者すべてに対し、それが無益であり、敗北する結果になることを保証するものであった。文明がもつ軍事力が高まり、互いに征服することを試みるようになっても、今度は競争相手国に同じ意図を伝えるために城壁をさらに強化した。

一部の国家は都市だけでなく、自国国境の弱点を要塞化した。中国の万里の長城は一千年以上かけて築かれ、いくらか重複している箇所があるものの、中国北西部の国境沿いに二万一〇〇〇キロメートル以上にわたって延伸されてきた。ローマもリミテスと呼ばれる防壁を自国国境の自然境界や侵入路に建築した。リミテスは本来、防御目的の物見櫓（ものみやぐら）や城砦が各所に設けられた道路であったが、柵が設けられることもあり、場合によってはイギリスにあるハドリアヌスの長城のように、石造りの壁、あるいは土塁でも強化された。ローマも中国と同じく、侵略者を城壁で阻止するのではなく、その進路を変更させて足止めし、国境に軍を派遣して迎撃することを狙っていた。これはフランスが戦間期に構築した悪名高いマジノ線の目的と大差なかった。マジノ線は一九四〇年に侵攻してくるドイツ軍に迂回され、定点防御に汚名を着せる結果となったが、実際にはその本来の目的、つまり増援が到着するまで侵略者を足止めし、進路を変更させることに成功したのである。不運だったのは、フランス軍が持ちこたえられなかった点であった。

古今を通じて、要塞は文明にさらなる利益をもたらした。要塞を有する国家は、その分だけ自衛に必要となる常備軍を削減できた。つまり城壁は平和時に行う安全保障への投資であり、いったん完成すれば、その後ずっと配当を受け取れたのである。自国民から十分な収入と労働力を得られる国家は、防御目的の公共事業を行うことができた。それと同時に、脅威が存在しない時期に高給な兵士を抱えておくという、より大きな支出を抑えられた。要塞に攻撃能力はほとんどないため、まさに平和のための投資、つまり近隣諸国に直接的な脅威を与えない軍事技術への投資であった。

〈道路〉

おそらく要塞に次いで古く、重要な非兵器軍事技術は道路である。要塞と同じく、道路も技術ではなく、その集成品であった。実は最初の道路は技術集成品ですらなく、シルクロードのように人間や動物が定期的に通って跡が残った通行路でしかなかった。これらの自然にできた道は時間とともに文明によって改良されていった。道路の改良が、堅固で耐久性のある路盤を生み出す手法にしたがって道具や機械を使う水準に達すると、道路の技術が確立された。そうした道路に関しては、ペルシャ、中国、ペルーなどの帝国に由来する考古学的証拠がある。ローマは円形闘技場(コロセウム)や水道橋に加え、野戦陣地、攻城兵器、軍橋といった純粋な軍事技術の特徴でもあった実践的な応用科学で道路の技術を高めた。その技術でローマ帝国は硬い路面の道路でつなぎ合わされた。一部は基礎と舗装が良好なため、建設からほぼ二〇〇〇年を経た二一世紀でも現存している。いずれの道路も、ドイツのアウトバーンやアメリカの州間高速道路システムなどの近代的道路と共通点がある。それは、商業や行政といった民生用の目的に役立つと同時に、国家が軍を動員し、外敵がいる場所に向かわせることを可能にした点である。不運にも、歴史上の多くの国家でそうした道路が敵の侵入路として使われ、その軍事目的を最も悲惨なかたちで裏切る結果となった。

〈蒸気機関、内燃機関〉

非兵器両用技術のうち、より現代に近い事例は蒸気機関である。「技術による推進」の古典的な事例である蒸気機関は、古代から一七世紀までは科学的好奇心の対象であったが、その後に炭鉱から地下水をくみ上げる工業設備となった。一八世紀における原始的な蒸気機関は効率が悪く、燃料が安く入手できる炭鉱の入り口で運用する以外には経済的ではなかった。一七六九年にジェームズ・ワットが分離凝縮器［一つのシリンダーの内部で温かい蒸気を水で冷やす方法から、シリンダーの蒸気を別の容器に移すことでシリンダー内部の温度を下げないようにし、蒸気機関の効率を高めた装置］を発明し、蒸気機関がその潜在能力を発揮するようになった。ボールトンとワットが設立した会社は、経営上の協力者で大砲の製造業者であったジョン・ウィルキンソンと協働し、ウィルキンソンの鉄工所にドリルの動力をもたらした。それに対してウィルキンソンは、蒸気機関向けの精密なシリンダーの製造を可能にする穿孔（せんこう）技術を彼らに提供した。これは、いかなる軍産複合体でもほとんど発揮できない、軍民の技術的相乗効果であった。やがて、蒸気機関はイギリスの産業革命で工場を稼働させ、アメリカ南北戦争やドイツ統一戦争で陸軍を輸送した鉄道、さらに風や潮流に逆らって進む強力な蒸気機関を搭載した軍艦の動力になった。石油、あるいは原子力を燃料とする最近の大型軍艦ですら、近代的なタービンに蒸気を通すことで船体と搭載装備の動力とする蒸気船なのである。

戦闘と市民社会の双方で同じく重要なのは内燃機関である。最初の内燃機関は大砲であり、密閉空間で炭素化合物を急速に燃焼させて放出されるエネルギーを人間の目的に役立てた器具であった。外燃機関である蒸気機関は、密閉空間で水を熱するのに外部の火力を用いた。一九世紀末になると、燃焼エネルギーを機械の動力へと直接転換できる実用的な装置がようやく出現した。一九世紀の間に商用の石油蒸留物が入手できるようになり、内燃機関の一連の実験が進められた結果、火花点火式および圧縮着火式で稼働する実用的な内燃機関が生み出されたのである。

第一次世界大戦までには、内燃機関が軍用機、潜水艦、人員と貨物を運搬する地上車両、戦車の動力となり、補助的な電力すら作り出した。内燃機関と燃料があれば軍事作戦を支える照明、暖房、無線、電信、機械工場、病院、炊事場、冷蔵庫など、無数の電化製品を動かす電力を得ることができた。一九世紀末以降、都市は巨大な固定式の発電施設から電力の供給を受けてきた。内燃機関で動く移動式発電機が開発されたことにより、軍は近代戦のあらゆる装備をともなって作戦行動することが可能となった。そして飛行機は、空戦、爆撃、偵察といった任務において乗員を支援する無線機、計器、補助装備を搭載して飛行できるようになった。総力戦の戦闘は内燃機関で可能になったのである。

〈電気、電気通信〉

もう一つの非兵器両用軍事技術は電気と電気通信であり、市民社会の柱にもなっている。この分野には、最初に登場した電信から、より近代的な電話、無線、テレビ、そしてインターネットまで、あらゆるものが含まれる。このうち最新の通信手段は、アナログやデジタルの記号、音声、画像の信号を光速、あるいはそれに近い速度で伝送できる。もちろん、昔から煙や旗による信号は光速で伝わったが、見通せる範囲に限定されていた（音はたしかに音速で伝わるが、光よりはかなり遅かった）。一九世紀以降、軍人は電線につながっていれば、ほぼ光速で双方向通信が可能であった。無線の導入で通信は加速化され、電線が不必要となったものの、その有効な距離はさまざまな技術的・環境的要素によって制約を受けた。

現代のデジタル通信ではあらゆる内容がデジタル化、つまり二進法のかたちに変換され、その後に適切な電磁波で送信されて、受信機で情報、音声、画像のかたちに変換される。その内容は受信機の性質に応じて見通し線の通信か放送により、光の速さで伝送される。戦闘は常に一方の有利が他方の不利になるというゼロサムのゲームである。そのため、自らの行動が敵に知られる前に敵の行動や動きを察知し、敵よりも早く部下に命令を伝達することができれば、指揮官は戦場で圧倒的な優位を得た。現代の軍事指揮官は、あらゆる形態の情報をほぼ即時に命令系統の上下に伝達可能な世界規模の通信手段と、戦闘中の部下とのリアルタイムの連絡手段を良くも悪くも自由に使える。これによって、クラウゼヴィッツが言う「戦争の霧」は晴れたのか、あるいは深まったのかは難しい問いである。

〈コンピューター〉

最初の「計算手（コンピューター）」は女性で、第二次世界大戦までは陸軍で弾道計算を担当する文官であった。第二次世界大戦中にコンピューターは機械になり、非兵器両用技術となった。二一世紀にあらゆる場所で普及するようになったコンピューターは軍民のいずれにも分類できない。「コンピューター」をいかに定義しようとも、軍民双方がその進化に欠かせぬ貢献をなしたのである。コンピューター革命が起こった――あるいはまさに起こりつつある――というのは二一世紀の生活では常識であるが、何が変化したかについて一致した見解はない。コンピューターは通信、情報、計算、人工知能、あるいは単なる娯楽における革命だったのであろうか。革命を技術的文脈で捉え、半導体電子機器が改良された結果、人間のあらゆる活動分野における大変革が可能となったと考えるのが最も適切かもしれない。

そうした観点から、軍は草創期のアナログとデジタルのコンピューターを弾道射表、暗号通信・解読、核反応の模擬実験、レーダー網の統合といった目的で活用し、重要な貢献をなした。最初のトランジスターは電話交換に関する民間の研究から生まれた。だが、超小型処理装置（マイクロプロセッサー）を発明した二人のうちの一人であったジャック・キルビーは、アメリカ空軍向けのミサイルの電子機器を開発中にこれを発明したのである。軍はコンピューターを最初にネットワーク化する際にもきわめて重要な役割を果たし、その後の発展についても大きく貢献した。想像を絶するほど複雑で高性能な半導体電子機器が軍用品の能力を高めており、最新の暗視ゴーグルから、弾丸を弾丸に命中させるという夢物語のような目標を達成できる迎撃ミサイルにまでいたっている。二一世紀のいわゆるネットワーク中心の戦場は超小型コンピューターであふれ、超人的な計算能力をもつ大型コンピューターとほとんど瞬時に連接される。船舶、航空機、宇宙船は、それらが搭載する兵器などの装備とともに、ほぼ自律的な行動が可能なシステムである。

〈人工衛星〉

アイザック・ニュートンは自らの重力理論を説明する際、物体を山頂から水平に発射すると、ある点で地球の大気圏に沿って動く力が地球の引力とちょうど一致するという仮説を使った。そのような物体は、地球という重力の井戸［宇宙空間にある天体の引力］と宇宙速度が均衡して、地球の衛星になると彼は説明した。ニュートンの理論を実証する打ち上げ機を人類が開発するのにほぼ三世紀を要することになるが、そうした能力の軍事的意義は一貫して明らかであった。非兵器両用技術の集成品でもある衛星は、宇宙から地表を監視できるだけでなく、その一部や全体が軌道から離れ、地表にある目標を攻撃することも可能であった。最初の人工衛星であるスプートニク一号は、一九五七年一〇月四日に軌道に投入された。この打ち上げは「国際地球観測年」における実験の一つで、名目上は科学目的とされたが、その実質的な影響は軍事面にあった。ニュートンが説いたように、ある物体を軌道に打ち上げる力があれば、それを地球の反対側の目標まで飛ばし、減速することであらかじめ決められた地点に着地させることができた。その定義にしたがえば、打ち上げ機は大陸間弾道ミサイルであった。防衛問題専門家は海空での人類の経験を踏まえて、人間が到達したところには戦闘が起こると類推し、宇宙が軍事化、実際には兵器化されることをすぐに予言するようになった。
結果的に、大国はたしかに宇宙を軍事化したが、今のところ兵器化は全般的に控えている。地表から一六〇キロメートルに満たない高度から、三万五〇〇〇キロメートル以上の静止軌道までの、いわゆる近地球軌道は軍事衛星であふれており、それらによって通信、偵察、通信傍受、気象観測、グローバルな測位を行っている。一九六七年の宇宙条約で、米ソ超大国が宇宙に大量破壊兵器を配備しないことを誓約し、世界の大半の国家があとに続いた。人工衛星とその軌道に関わる技術の見地から、地球の軌道に通常兵器を周回させるのは核兵器と同じく無意味であることは、ほぼ誰の目にも明らかであった。それゆえ、衛星は地表での軍事活動や作戦に不可欠な存在となったものの、人類は今のところ兵器については大気圏内に留めておくほうがよいと考えている。

〈その他の非兵器両用技術〉

この非兵器両用技術のリストを広げるのは簡単である。たとえば、食料の缶詰、装軌車両、輸送機、ヘリコプター、回転儀、レーダー、GPS、飛行機の操縦翼面を動かすデジタルのフライ・バイ・ワイヤ［電気信号による飛行制御システム］なども含まれるかもしれない。しかし、これらの技術がもつ主たる影響や含意はこれまでと同じである。人間は先史時代から非兵器軍事技術を生み出してきた。その多くが当初は民生目的で開発され、その後に軍事目的へと応用された。シェーニンゲンの槍の事例が頭に浮かぶであろう。だが、時にはコンピューターや要塞のように軍が主導的な役割を果たしたものもあった。現代世界では、たとえ人命を奪ったり、破壊したりしないものでも、戦争に関係する技術を使うのを嫌悪する民間人もいる。

同じく、民生用に開発された技術を戦闘の要件に適応させるには、大幅な改良が必要だと軍が考える場合も少なくない。だが、人々はこうした技術の由来や開発目的について気にしない場合のほうが多い。自動車のエンジンが、飛行機、潜水艦、戦車の動力にも使われている点を気にかける民間人はまずいない。電子メールを使う人で、その情報伝達の仕様が、もともとは国防高等研究計画局（DARPA）の研究者が研究成果を共有するネットワーク上で行った個人的メッセージのやりとりから発展したものであることを気にする人はほとんどいない。さらに、近代戦で非兵器技術の重要性が高まっていることは、紛争が戦場だけにとどまらず、現代の生活に関わる市民社会、輸送網、経済市場、医療機関、産業分野へも広がる傾向が強まっていることを示している。

兵器両用技術

武器といえども両用性を持ちうる。軍が社会における武力の手段のすべてではない。国家はその統治する領土内で軍事力を独占しているか、あるいはそのように主張している。だが、国家は軍に属さない人々にも、警察、自衛、警備、狩猟など、特定の状況で武力の使用を許容している。非兵器両用技術と同様、兵器両用技術も軍民のいずれかに起源があり、その後にもう一方の分野に転用された可能性がある。非兵器両用技術と同じく、ここでもいくつかの事例を用いてこの点を明らかにしていく。

〈投擲武器〉

両用兵器のうち、とくに名誉ある地位はシェーニンゲンの槍と、その先史時代の親類にあたる弓矢に与えられる。動物の狩りから殺人まで、この二つの技術が戦争と平和の双方で等しく効果的なことは明らかであった。もちろん、狩猟と戦闘の間に存在する類似点は技術以外にもかなりある。狩猟と戦闘という営みは、地勢、天候、獲物の行動に関する知識に加え、情報、隠密性、チームワーク、通信、度胸も使う。人間は狩人であると同時に、逆に獲物にされる可能性もあるため、天敵である人間と動物に対する自衛の技術も必要となる。先史時代の狩猟で用いられた主な戦術は一撃離脱であったと現在では考えられている。これは、劣勢にある軍が強力な敵に対して今日でも使う戦術と同じである。現在ではそうした戦術は待ち伏せとみなされるか、偉大な軍事理論家の毛沢東が「遊撃戦」と呼んだものとも考えられるが、その原則は同じである。獲物が気づかぬうちに奇襲するが、必要であれば逃げて後日戦うための脱出路を残しておく。こうして、遠距離から敵に傷を負わせ、攻撃側に逃げ道を残す投擲(とうてき)武器が最初の両用兵器となった。

〈チャリオット〉

先に触れたチャリオットも兵器両用技術である。だが、チャリオットは当初から兵器としての役割だけではなく、非兵器的機能も軍で果たしていた点を記しておくことは重要であろう。この意味では、船、飛行機、ロケットなどの兵器プラットフォームと同じであった。チャリオットは一つの兵器以上の存在であり、兵器システムの一部分を構成するだけでなく、その各部分もさまざまな武器やプラットフォームに分類できた。チャリオットは実際に五つの用途をもった技術であり、紀元前二〇〇〇年からほぼ一〇〇〇年間にわたって東地中海における戦闘の中心を占め、その後に輸送、狩猟、競争、儀式といった非戦闘任務も担うようになった。船舶、飛行機、宇宙船と同じく、移動用プラットフォームと車載兵器システムが結合したのが軍用のチャリオットであった。この基本的な構成こそがチャリオットを自然と両用技術にしたのである。なぜなら、船や飛行機が民生用の機能を果たすのと同じく、チャリオットも代替的な用途に使える見込みが常にあったからである。たとえば、チャリオットはヘクトルとの対決のためにアキレスを運んだように、それが輸送用にジープのように使われる際には、〔戦闘の場合は下馬して戦う〕竜騎兵（ドラグーン）や装甲兵員輸送車に乗って戦場に向かう現代の歩兵と同じ機能を果たした。この場合も兵器システムに近いものではあったが、やはり違っていた。しかし、他の役割に使われるチャリオットは厳密に民生用であった。チャリオットを儀式に使った場合――ローマの凱旋式が想起される――、多くは凱旋する勝者に軍事的威容の雰囲気（オーラ）を与えることを狙っていた。だが、ビザンツ帝国で競合する党派間で行われていたコンスタンティノープルのチャリオット競走と同じく、このようなチャリオットの使用法は軍事的なものではなかった。

〈原子力〉

原子力もまた両用技術である。軍における原子力は、兵器（爆弾）としての用途と非兵器（船舶の推進機関）の用途があった。科学に基づく技術の一つとして、原子力は一九三〇年代における理論的・実験的物理学の急速な発展の結果として生まれた。フランクリン・ルーズヴェルト大統領に原子爆弾の可能性について最初に注意を向けさせたのは、アメリカの物理学者であり、そのなかにはナチスドイツからの亡命者もいた。第二次世界大戦中のマンハッタン計画による突貫事業の結果、人類の歴史で唯一、核兵器が戦闘で使用された。核兵器は戦争に多大な影響を与え続けたが、戦闘に対しては二次的な影響しかもたらさなかった。というのは核兵器を怒りに任せて爆発させるようなことは起こらなかったからである。むしろ、核兵器のために一九四五年以降は大国間戦争が起こらず、「長い平和」に貢献した。要塞と同じく、核革命は実際に起こった戦争だけでなく、起こらなかった戦争という面でも重要であった。一九四五年以降の戦闘は核の傘の下で繰り広げられ、かたち作られたのである。

他方、原子力の平和利用は拡散した。平和利用は発電と医療の分野で最も顕著であった。船舶への原子力推進の活用が試みられた――飛行機にすらも試みられた――が、広く採用されたのは軍用の潜水艦と主力艦だけであり、しかも後者のほとんどはアメリカの空母であった。原子力の技術を最初に使ったのが日本の広島と長崎を破壊するためであり、その後の数十年間にわたって軍民の双方で時々起こった事故もあって、原子力には危険と恐怖の影がつきまとった。しかし、リッコーヴァー大将らは、注意深く扱えば原子力を安全に使えることも示したのである。

〈化学兵器〉

化学兵器も、軍事利用と平和利用の間で揺れ動いたという点で同じく皮肉な存在であった。ドイツの科学者であるフリッツ・ハーバーは、ノーベル賞を受賞したその才能を塩素ガスなどの毒ガスの開発に注ぎ、邪悪な死と無力化の手段たる化学兵器が第一次世界大戦で台頭した。死はいかなる手段でもたらされても同じとするハーバーの戦後の弁明は、マスタードガスのような一部の化学兵器による恐るべき苦痛と障害を無視したものであった。だが、ハーバーは他の人間と同じく、化学兵器は兵士の人命を奪うことなく戦闘力を喪失させられるという別の主張をしたかもしれない。この基準にしたがえば、マスタードガスはより致死性の高い塩素ガスやホスゲンに比べると威力が小さかったため、たしかにより人道的な化学剤であった。だが、毒ガス戦の提唱者たちが化学兵器に対する世間の道徳的嫌悪を乗り越えたとしても、毒ガスの運搬という難題を抱えていた。炸裂弾や格納容器のいずれを使うにしても、放出された毒ガスが風に乗って友軍部隊や罪のない一般市民に確実に降りかからないようにすることはできず、空中から投下する爆弾であればなおさらであった。このため、化学剤そのものよりも散布の技術のほうが大きな課題となり、一九〇七年に締結されたジュネーブ毒ガス議定書を第一次世界大戦後に改めて確認することにつながった。化学兵器のタブーはその後一世紀にわたって維持されたが、わずかとはいえ残酷かつ戦慄すべき例外もあり、その大部分は民間人に対して使用されたものであった。

民生分野における毒ガス戦の主な類例は、人間の痛覚を狙った化学物質の散布であろう。催涙ガスと唐辛子スプレーは最も一般的なものである。皮肉にも、催涙ガスはジュネーブ議定書で化学兵器に分類されており、したがって戦闘での使用は禁止されている。しかし、ほとんどの国家が犯罪者を制圧したり、群衆を鎮圧したりする目的で、自国民に催涙ガスを使っている。これらの化学剤で死につながることは稀であるものの、人命を奪う潜在能力はある。それでも、それらが継続的に使用されている事実は、現代社会における軍民の領域の区別があいまいになっていることを示している。

〈爆薬〉

もう一つの兵器両用技術である爆薬は、一見すると軍用にきわめて限定されており、両用技術の資格がないと思えるほどである。だが、爆薬は中国で花火から始まったとみられ、以来、よく知られた戦闘用途とともに民生分野でも久しく使われている。あらゆる非核の通常爆薬は、物理的性質という点では同じである。つまり、密閉空間で急速に燃焼させる化学反応から力を得ているのである。最初に出現し、最も革命的な爆薬であった火薬は、一三世紀にモンゴル人によって西洋にもたらされて以降、継続的に研究開発が行われた。あらゆる種類の火薬に炭素、硫黄、そして硝石（硝酸カリウム）が含まれていた。問題は適切な配合を見つけ出すことであり、それは原料の純度によって変わってくる。一九世紀には、威力は大きいが容量は小さく、煙の少ない火薬が研究者の手で発明されていった。その成果には、TNT（トリニトロトルエン）、無煙火薬、綿花薬、ニトログリセリン、ダイナマイトに加え、さまざまなプラスチック爆薬が含まれていた。軍は、こうした火薬の開発のもととなる数多（あまた）の研究に資金を提供したが、その成果は民生分野で無数に応用された。花火は今日でも娯楽であるのはもちろんのこと、爆薬は鉱業、土木工事、解体、雪崩（なだれ）制御をはじめ、それ以外の建設事業も支えている。軍用爆薬は猟師、運動選手、警察官が使う小火器の動力でもあり、ニトログリセリンは心臓に関わる一部の症状を和らげる。

〈ロケット、ミサイル〉

ミサイルとロケットの定義はさまざまで、重複があったり、紛らわしかったりするため、誤解を招いている。本書の議論では、ロケットを「内部搭載の燃料と酸化剤の燃焼で生じた高温のガスを後部から噴射して飛翔する自己推進発射体」として考えるのが最も適当であろう。発射体であればすべてミサイルになりうるが、ここでは飛行中に積極的に誘導されるロケットのことをミサイルとする。中国では花火の発明以来ロケットが使われていたが、西洋における推進力としての燃焼の利用は、ロケットではなく銃砲から始まった。銃砲の場合は、推進剤が爆発的に燃焼して発射体が射出されると、そこから先はさらなる力が加わることはなかった。西洋における最初の軍用ロケットは一八世紀末に登場し、一八一二年の米英戦争中のマクヘンリー要塞に対する攻撃において「アメリカ国歌を作詞した」フランシス・スコット・キーがロケットの赤い光を不朽のものとしたため、長きにわたる名声を得ることになった。だが、初期のロケットは無誘導であり、二〇世紀中盤まで効果が限定的な地域制圧兵器にとどまった。

その後、ヴェルナー・フォン・ブラウンらが、弾道軌道で飛翔するロケットと初歩的な慣性航法装置を組み合わせたV2ロケットを数百キロメートルの距離まで誘導し、四・五キロメートルの半数必中界（ロケットの半数が着弾すると予想されうる円）に着弾させた。誘導ミサイルはその後、アメリカとソ連の間の戦略兵器による軍備競争の中心となり、現在では大国間の平和を保証するものとなっている。しかし、超大国間で恐怖の均衡を維持したロケットは、宇宙時代には打ち上げ機としての役割も果たした。一九五七年のスプートニク一号の打ち上げ以降、地球の大気圏から打ち上げられた宇宙船のほとんどは固体燃料か液体燃料かを問わず、弾道ミサイルの技術に近いものであった。その核心技術は軍によって軍事目的で開発された。そして、ヴェルナー・フォン・ブラウンはここでもまた軍民のバランスの在り方を体現している。フォン・ブラウンは民間人として宇宙旅行を追い求めることから始め、ドイツ軍とアメリカ陸軍向けの軍用開発へと移り、アメリカ人を月に運ぶアポロ打ち上げ機を開発するために民間に舞い戻った。「フォン・ブラウン・パラダイム」は、いまだに有人宇宙飛行を後押しすると同時に制約にもなっている。

〈機関銃〉

ここでの両用技術の最後の事例は、自動火器、つまり機関銃である。機関銃は個人、あるいは複数の要員で運用する武器である。射手が引き金を引き続ける以外には特別な動作を必要とせず、薬室を空にしてベルトや弾倉から新しい弾薬を供給し、それを撃ち出すという機構を用いている。銃手が戦場に初めて足を踏み入れて以来、成否を分ける主な決定要素は射撃の速度であった。実際、古い時代の銃手は再装塡に長い時間を要したので、敵の騎兵が射撃の合間に襲い掛かってこないように、槍兵で防護してやる必要があった。だが、一七世紀から二〇世紀にかけての一連のイノベーションによって発射速度は向上した。まず、火縄銃が燧発式銃（フリントロック）「燧石（フリントストーン）から出る火花によって発射する銃」に取って代わった。そして、弾丸と装薬が一つの筒にまとめられ、銃口ではなく銃尾から弾薬を装塡するようになり、雷管と取り出し可能な薬莢（やっきょう）をもつ弾薬が用いられた。さらに、人間の筋力で薬莢を排出して新しい弾を装塡し、撃鉄を起こす機構を経て、最終的には弾薬の爆発力によるガス圧で同じ機能を果たす装塡システムが導入された。それ以降は、より早く、軽量で、信頼性の高い自動火器を生み出すために設計を改良するだけでよかった。アメリカ人は武器を携行する権利を国家的に信奉していることも理由であろうが、この開発の過程で特殊な才能を発揮した。アメリカは軍用機関銃の開発で先行しただけでなく、狩猟、スポーツ、個人の護身用として自動火器を導入するうえでも世界に先駆けていた。本書の執筆時点で、アメリカにある個人用火器の数はその人口を上回っており、アメリカ軍の保有数よりもはるかに多い。こうした武器の大部分が当初は軍用目的に開発されたものである。アメリカにおける個人用火器ほど市民社会に完全に浸透した軍事技術を他に思いつくことは難しい。

両用技術の社会への浸透

それでは、兵器両用技術と非兵器両用技術の双方について何が言えるであろうか。まず、これらの技術により、軍事的な研究開発や生産活動が社会の利益になっているか否かという根本的な問題が明らかになる。戦闘目的に限定された研究から、社会の損失を埋め合わせるかたちで民生分野に波及した技術は存在するであろうか。そのような事例はたしかにあるものの、埋め合わせという点では、軍用技術の開発者が民生用の技術開発に直接従事した場合になしえた社会への貢献という機会費用を差し引かねばならない。同じく、近代の工業国家の経済は、軍事的研究開発で政府の支出をあてにするようになってきているのであろうか。世界の主だった自由企業体制をとる民主主義国家は、ウィリアム・マクニールのいうところの統制経済に転じ、自国の資源を国家目的に投入することで自由な市場を枯渇させているのであろうか。あるいは、これらの民主主義国は、マイケル・ホーガンなどの歴史家がいう「国家安全保障国家」になってしまったのであろうか。先進国の多くで冷戦期の軍産複合体の支配力は弱まったが、その存在がなくなったわけではない。さらに、戦争そのものと同じく、近代的な軍事技術が人間社会全体に広まった結果、軍と民、戦闘員と非戦闘員、そして戦争と平和の間でかつて存在した境界があいまいになっていると感じるかもしれない。軍事技術が民間の生活に浸透し、民生用の技術が軍事目的に転用されるとすると、我々が常日頃考えている以上に現代社会の構造奥深くまで世界の軍事化が進行している可能性もある。両用技術はこれらすべての問題を浮き彫りにする。

3 軍事革命

一九九〇年代に軍人と学者が戦闘の技術的変化について考察を深め、二つの分析の弧が交差した。だが、実際には互いに大きな影響を与えず、ことわざでいう「暗夜にすれ違う船〔互いに素性も知らずに通り過ぎる様子〕」のように通り過ぎていった。しかし、この二つの弧の軌跡がもつ類似点と相違点は、二一世紀初頭における戦闘の技術を理解するうえで大いに意味がある。近代戦を表面的に捉える危険性を明らかにし、さらには第二次世界大戦以降に軍事技術が進化した足跡も浮き立たせる。

近世の軍事革命

軍事史の研究者が歴史上の軍事的革命の役割に着目し、一方の分析の弧を描いた。歴史家のクリフォード・ロジャーズは、「軍事革命」という用語が一八世紀から一九世紀の西洋における軍事的評論や分析でよく見られた表現であったことを示した。だが、軍事革命という用語が歴史として受け入れられるようになったのは、歴史の流れを変えた西洋における重大な革命——アメリカ独立革命、フランス革命、ロシア革命、科学革命、産業革命が最も顕著であるが——と同列のものと研究者がみなすようになってからであった。歴史家のマイケル・ロバーツは、一九五五年に行った「軍事革命、一五六〇〜一六六〇年」と題する講演でそうした類比を明らかにした。ロバーツは、近世（およそ一五〇〇〜一七八九年）に個人用火器と野砲が戦場にもたらされたことで促された、ヨーロッパにおける陸戦の変容について述べた。この変容には、火器と槍を統合した新戦術、長期の大規模作戦、規模が拡大した軍隊、そして戦闘が社会に与えるより大きな影響という特徴があった。ルネサンス期からフランス革命までのヨーロッパに関する当時の歴史学は、ある歴史家が「近世をめぐる混迷」と呼んだ状況に陥っており、ロバーツの説でそうした言説がより重要かつ深刻なものとなった。さらに軍事革命は、ロバーツが伝記を執筆中であったスウェーデンの王、グスタフ・アドルフの貢献も強調することになった。

歴史家のジェフリ・パーカーは、一九七六年にロバーツの説を認めつつ、それを大幅に修正した。そして一九八八年に、パーカーは自身の大作である『軍事革命――軍事的イノベーションと西洋の台頭、一五〇〇～一八〇〇年（*The Military Revolution: Military Innovation and the Rise of the West, 1500-1800*）』〔大久保桂子訳『長篠合戦の世界史――ヨーロッパ軍事革命の衝撃 一五〇〇～一八〇〇年』同文館、一九九五年〕で自説を再構成した。この頃には、ロバーツの説はほとんど原形をとどめていなかった。変わらずに残った唯一の部分は軍隊の規模の拡大であったが、パーカーは攻城砲への対抗技術として開発された要塞の新たな形式であるイタリア式築城術の導入にその原因を求めた。パーカーは近世の軍事革命にまったく新しい二つの要素を加えた。一つは、近世全体を含むかたちへの年代区分の拡大であり、もう一つは、西洋の帝国主義の波が最初に大きく広がった時期のヨーロッパによる海外への力の投射である。軍事革命を拡大することにより、西洋の台頭を少なくとも部分的には説明できるとパーカーはいう。拡大され、有力な概念となった軍事革命は、たしかに西洋で古くから受け入れられてきた偉大な政治的・物質的革命との比較に耐えた。パーカーの主張は他の歴史家から予想されていたものの、それでも彼の著作は軍事史の世界で旋風を巻き起こし、ジョン・キーガンの『戦場の素顔（*The Face of Battle*）』［高橋均訳『戦場の素顔――アジャンクール、ワーテルロー、ソンム川の戦い』中央公論新社、二〇一八年］と並んで、過去五〇年で最も影響力のある著作の一つとなった。その結果、他の事例を見つけたり、軍事革命の現象を理論化したりして、パーカーのモデルを批判する研究が津波のように出てきた。歴史家は探し求めるものを見つけ出す傾向があるので、歴史学の著作は軍事革命の歴史であふれるようになった。わずかな事例をあげるだけでも、中世、アジア、アメリカ南北戦争、二〇世紀初頭の海軍軍備競争、ドイツ統一戦争で軍事革命の事例が見つかった。これらの事例のほとんどで軍事革命の独自の定義が生み出され、その概念も拡大されると同時に薄まる結果となった。

軍事における革命（ＲＭＡ）

他方で、もう一つの学問的な軌跡がアメリカの軍人と防衛アナリストという別の知的世界から生まれ、「軍事における革命（ＲＭＡ）」と呼ばれるようになった。アメリカの防衛関係の有識者は、一九五〇年代に「軍事技術革命」の理論を生み出したソ連の軍事アナリストからＲＭＡの概念を着想した。当初、ソ連は核兵器が通常戦の遂行におよぼしうる影響に着目していた。一九六〇年代から一九七〇年代にかけ、この影響への関心は、ソ連が通常戦力の軍事技術でアメリカに差を広げられていることへの不安に転化していった。第二次世界大戦後のアメリカ軍における技術革新への熱意は、明らかにソ連が追いつけないほどの急速な技術変化をもたらした。コンピューター、高性能飛行機、隠密性の高い潜水艦、偵察衛星などの多くの先進的かつ「高度」な技術分野で、アメリカだけは別格であった。そして、ソ連軍を含め、すべての軍に対して不動の優位をやがて獲得し、同輩中の筆頭格になると思われた。

アメリカ人はソ連の文献を読みつつ、自国の台頭に関して新たな評価を下した。敵に対するこのような非対称的な優位に注力することは理にかなっていないのか。ソ連が懸念しているという事実は、アメリカにおける研究開発の効果を裏打ちするものではないのか。

こうしてアメリカの国防コミュニティで生まれたのが、「軍事における革命」をあおり、強めようとする運動であった。ベトナムでの失意を契機に重視されてきた事業の一つである精密誘導爆弾は、これまでにない精密性を達成するようになった。将来の「電子的戦場」に関する議論が高まった。エア・パワーの理論家であったジョン・ボイドは「OODAループ」を説いて回った。これは、自国の高度な技術を活用し、アメリカ軍が敵よりも早く監視（observe）、情勢判断（orient）、意思決定（decide）、実行（action）することを可能にするドクトリンであった。先覚者は「ネットワーク中心の戦い」、つまり電子的ネットワークで結ばれた軍は、敵よりも早く偵察、通信、連携が戦場でできるようになると説いた。

軍事における革命はさまざまなかたちで顕在化したが、ある共通した特徴があった。この時期のRMAの解釈には、戦略核か戦術核かを問わず、核戦争に関するものは含まれておらず、通常兵器における軍事技術面でのアメリカの質的優位、つまりヨーロッパの陸上戦力の面でのソ連、あるいはロシアの数的優位に対するヘッジと受け止められていた。そして、この解釈にしたがえば、アメリカが軍事的能力で揺るぎない地位を得て、ソ連、あるいはロシアを含めたあらゆる国家に対して無敵になると予想された。この動きは一九九〇年代に加速し、第一次湾岸戦争（一九九〇〜九一年）

ではRMAの支持者にとっても納得がいくかたちでその能力が実証された。アメリカ国防総省（ペンタゴン）総合評価室（ネットアセスメント）［軍事バランスについて、兵器や技術だけでなく、さまざまな観点から長期的な見積もりを行う部局］の主（あるじ）であったアンドリュー・マーシャルは、この現象に関する正式な研究に資金を提供した。そして、ビル・クリントン大統領率いる政権では、RMAがアメリカの安全保障を損ねることなく防衛費を削減する手段の一つとみなされた。軍事における革命は、少ない費用で大きな効果が得られるように映ったことにも抗いがたい魅力があった。

RMAはドナルド・ラムズフェルド前国防長官の関心も引きつけた。二〇〇一年、ラムズフェルドはジョージ・W・ブッシュ大統領の政権で国防長官の地位に返り咲くと、二つの目標を掲げた。一つは、実用化された弾道ミサイル防衛システム（ロナルド・レーガンが一九八三年に公表して以来開発中であった）を配備することであり、もう一つはアメリカ軍を改革するためにRMAを活用することであった。ラムズフェルドの見方では、ペンタゴン、とりわけ陸軍はヨーロッパの平原で規模に優るロシア軍と戦うという、冷戦期の通常戦争のパラダイムにとらわれ続けていた。こうした態度は、陸軍が次世代の自走榴弾砲に執着していたことに体現されていた。ラムズフェルドが国防長官に復帰した時点で六年を開発に費やしていたクルセイダーは、装軌式で弾薬の自動装塡が可能な一五五ミリ自走砲であり、四五キログラムの砲弾を二三キロメートル離れた地点に投射できた。自重は四三トンで、牽引する燃料・弾薬補給車は四〇トンであり、一〇〇〇メートルの滑走路があればC-5A輸送機やC-17輸送機によっていかなる危険地域へも空輸が可能であった。しかしラムズフェルドは、もはや存在しないソビエト帝国との過去の遺物となった戦争に陸軍が備えていると考えていた。彼は小規模戦争を遂行可能な身軽で敏捷な陸軍を欲し、二〇〇一年九月一一日のニューヨークとワシントンでのテロ攻撃後、まもなくクルセイダーを放棄した。

九・一一同時多発テロ事件への対応で、ラムズフェルドは軍事における革命をもたらしたとされる能力に頼った。アフガニスタンでの攻撃は見事に調整され、アメリカ軍は敵であるアルカーイダとそれを匿う（かくま）タリバンに対する空爆を誘導するために、わずかな兵員が「現地に足を踏み入れた（ブーツ・オン・ザ・グラウンド）」だけであった。数週間のうちに、アメリカの火力によってアルカーイダはパキスタンに追放され、タリバンは身を隠すようになった。その後、ブッシュ政権はイラクに目を移した。当時の陸軍参謀長の進言を無視し、ラムズフェルド国防長官は「衝撃と畏怖」というエア・パワーによる準備的な作戦を行い、一五万人のアメリカ地上軍の支援を得てイラクに侵攻した。この強大な戦力でサダム・フセインの軍（一九九〇～九一年の湾岸戦争で弱体化していた）を打倒し、フセインは逃亡を余儀なくされ、イラクは「解放」された。だが、世界でも無秩序な地域の一つで、安定した公正な国家を建設するという果てしない任務に直面した。二〇〇三年五月一日、ブッシュ大統領がペルシャ湾に浮かぶ空母の船上で、「任務達成」と書かれた横断幕の下に姿を現したが、それこそが軍事における革命の証であった。アメリカはまさしく無敵の軍事力を有しているかに見えた。

だが、アメリカの地上軍はまもなく自らのアキレス腱をさらすようになった。新しい近代的な乗車戦闘向けの車両が一台、また一台と、即席爆発装置（IED）による待ち伏せ攻撃に屈していった。接触や時限による起爆、あるいは指令を受けて爆発する単純な爆弾が、アメリカの軍用車両が通行するイラクの道路や橋梁にはびこるまでに時間はかからなかった。起爆装置は携帯電話のよう

図9　F/A-18Fスーパーホーネットが、空母ハリー・S・トルーマンの飛行甲板で夜間に発艦するところ。原子力空母などで体現されているシステム・オブ・システムズは、現時点では二一世紀で最も複雑な軍事技術の集成品である。

な単純なもので、爆薬も手榴弾、小型の迫撃砲や大砲の砲弾（アメリカ軍から、あるいは政権崩壊時に放棄されたイラク軍の弾薬庫から多数を入手）から巨大な不発弾や手製爆弾まであった。アメリカのトラックや装甲兵員輸送車、そして戦車ですらも、こうした兵器になすすべがなかった。アメリカの車両が驚くべき割合で戦闘不能となり、乗員は恐ろしい物理的・心理的被害を受けた。こうした挑戦への対抗技術を軍事における革命によって生み出すには長い年月がかかるであろう。アルカーイダはIEDでアメリカ兵を狙った自らの攻撃を宣伝するためにオンラインで動画配信すら行っており、これも工業化された西洋に向けられたもう一つの両用技術であった。

　ハイテクで工業化された西洋型の軍が、ローテクで工業化以前の段階にある非西洋型パルチザンに敗北を喫したのはこれが初めてで

図10　即席爆発装置（IED）は究極の対抗技術である。写真の爆弾はイラク戦争（2003–13年）中にバクダッドの多国籍軍によって押収されたもの。このような地雷や砲弾が、携帯電話のような単純な起爆装置と接続され、多国籍軍の通り道にしかけられた。

はない。毛沢東は国共内戦で蔣介石率いる西洋型の軍に対し、彼が「人民戦争」と呼んだ戦争形態を持ち込んだ。この枠組みでは、毛沢東が「遊撃戦」と称した待ち伏せが重視された。ベトナムでは、ホー・チ・ミンの軍がまずはディエンビエンフーのフランス軍陣地を奪取するために、次いで民族解放戦争の最終段階でアメリカ軍を打破するのに毛沢東の戦術を活用した。第二次世界大戦以降のそれ以外の戦争でも、工業国家の軍事組織に対して貧弱な武装のパルチザンが戦い、同じように驚くべき結果をもたらした。たとえばイスラエルは、国際世論をめぐる戦いに敗北することなく、インティファーダ［パレスチナ人によるイスラエルに対する蜂起］との戦いに勝利しようと二度にわたって苦しんだ。二〇〇一年にアメリカを攻撃したテロリストは、カッターナイフのような単純な武器を使い、一九四一年の日本による真珠湾攻撃を上回る人命をアメリカの本土で奪った。皮肉なことに、こうしたパルチザンやテロリストが通常好むのは、まさしく蛮族を脇に追いやった武器である火薬であった。

では、二一世紀初頭における軍事革命の状況については何が言えるであろうか。第一に、慎重さが最も重要という点である。軍事的万能薬としての技術への過信は、それがハイテクであろうと誤っており、危険である。事実、技術は勝利を得るうえで有利であるが、勝利を保証するものではない。革命的な軍事技術に関する研究では歴史家のほうが防衛アナリストよりも上手である。その理由の一端は、歴史家は過去に着目して分析的であるのに対して、RMAは将来を見据えて規範的という点にある。歴史家も革命を提起した際には同じく大胆な姿勢を見せたが、事実があってこそ革命と判断できるという点をわきまえる見識はあった。すべての変化が「革命的」という看板に見合うほど急速かつ大規模なものではなかったのである。

さらに、RMAと「軍事革命」という表現には、専門家的な駆け引きの要素がある程度含まれていた。歴史家は、自らの研究が革命的変化を明らかにしたと主張することで、既存の研究により大きな影響を与え、著作をより多く売りさばけた。RMAを主張する人々は、低コストで革命的変化が起こせると請け合い、政策担当者により大きな影響をおよぼせる。革命を起こすという主張が不誠実と言っているのではない。ただ革命という言葉遣いが、主張する側と受け取る側の双方にとってしばしば抗いがたい魅力があるというだけのことである。双方の分野における経験から示唆されるのは、革命に関する議論は常に懐疑的に受け止めるべきだということであろう。

RMAと軍事革命の動きをめぐる比較に関する最後の点は、こうした流れのすべてを裏打ちするものである。ＲＭＡのグループは、自らが明らかにしようする現在進行中の現象に学問的な箔をつけるため、軍事革命に関する歴史学の文献をしばしば援用した。だが、歴史的に重要な軍事革命の研究者は、軍事における革命の議論にほとんど関心がなかった。歴史家は結局のところ学者が大半であり、左傾的で反軍感情に満ちた学問の海のなかで泳いでいたのである。実際に、理論的・学問的な誠実性の理由から、歴史家は自らの研究成果が現代で実務に活用されるのを避ける必要があった。ＲＭＡと軍事革命に対する熱意は一九九〇年代から二〇〇〇年代にかけて最高潮に達したが、二〇一〇年代には冷めていくことになる。

結論

技術と戦闘の将来について何か言えること、あるいは言うべきことはわずかしかない。技術変化のペースの高まりが二〇世紀の特徴となり、それは今なお続いている。この平凡な主張の裏には、変化がまさに加速しており、その状態が続く可能性が高いという真実の核心がある。この点はとりわけ軍事技術に当てはまり、自覚的で制度化された幅広い研究開発の影響を受けている。本書が出版されるまでに視界に入ってきているのは、（遠隔操作されない）真のドローン、（事前にプログラムされた）ロボット兵器システム、さらなる超小型化の進展、戦闘用ナノテクノロジーであり、おそらく最も憂慮すべきは（環境や状況からの刺激に対し、一定程度独自の反応が可能な）自律型兵器システムであろう。これらの兵器が導入されるのは、人間の歴史において最も危険でありながら、殺傷力は最も低いという逆説的な世界である。つまり、戦闘の技術はかつてないほど効果的になっているが、犠牲者数を人口比で考えると、世界の戦闘はこれまでで最も少なくなっているのである。これらのすべてがどこに向かうのかを予測するのは不可能である。

もし本書が何らかの回答を示すとすれば、巻末にまとめられている用語を理解することにあるかもしれない。軍事技術は将来も確実に変化するであろう。だが、これらの用語の背景にある原則は、不朽の「戦争の原則」と同じく、おそらく不変であろう。時代と場所の特性とも関係がないと思われる。人間の他の活動領域における原則も将来の戦闘を左右するであろうことは疑いない。それでも本書の用語集は、技術と戦闘という非常に特定された領域を検討する際の初心者用の道具一式、つまり本書で論じた現代に甦（よみがえ）ったアレクサンドロス大王にとっての入門書になろう。本書では原初的な戦闘に着目することで、技術と戦闘の進化を導いた概念は早い時期に形成され、いまだに潜在力をもつと主張してきた。

シェーニンゲンの槍から遠隔操縦の飛行機にいたるまで、両用技術は人間のあらゆる経験を通して発展してきた。民生技術には軍事的用途があるし、その逆の場合もあるという状況は今後も続くとみるのが妥当である。軍事技術の移転を規制しようとする試みは、一部の技術が両用性を有することから妨げられるであろう。たとえば、冷戦期にコンピューター技術の移転を制限したが、その実施は困難なことが明らかであった。両用技術により、軍事力は経済力を反映するという世界史の公理の一つも明らかになる。このことは、世界における経済競争は、軍事力が道徳的になったものとみなされるようになっている点ともまさに合致する。

先進国と産業基盤をもたない国家で世界が二分されているかぎり、この二種類の国家間で行われる武力紛争はほぼすべて非対称的なものとなる。この先、先進国からいかなる技術の極致が生まれるか、あるいはもたない側がどのようなローテクのイノベーション——ＩＥＤ、破壊活動（サボタージュ）、流出した大量破壊兵器など――を使うかは予想できない。先進国は対称的な兵器を保有しているため、一定の技術革新がなければ、国家間戦争は今後も際限なく抑止される可能性が高い。

サイバー戦は今や一般市民の想像力を引きつけてやまない事例の一つである。当初、複雑なネットワーク化されたインフラをもつ先進国は、防ぐ手立てのない見えない攻城技術を自由に操るハッカー――新たな城門の前の蛮族――に対して脆弱なことを認め、サイバー戦が空前の脅威をもたらすとされた。本書で展開した概念の一部を使えば、この現象の神秘的な部分を解き明かし、歴史的な文脈に位置づける手助けとなろう。第一に、サイバー攻撃はこれまでのところ、諜報、破壊活動、反乱などの目的で用いられるのが普通で、戦闘では使われていない。二〇〇九年と二〇一〇年にスタックスネット［イランの核燃料施設を攻撃するために用いられたコンピューター・ウイルス］がイランの核開発計画に侵入するという、これまでで最も重大なサイバー攻撃でも戦争にならなかった。サイバー攻撃は軍民双方の目標を対象とする一つの両用技術からなり、対称的（国家主体間）にも非対称的（国家主体と非国家主体の間）にも起こりうる。サイバー攻撃は投擲（とうてき）武器の流れをくんでおり、遠距離でも効果を発揮し、攻撃側は直接報復されるのを避けられる。このため、サイバー攻撃は相対的に力で劣る側にとって魅力的であるが、サイバー資源で優る国家にも優れた潜在的攻撃能力をもたらす。スタックスネットでイランを攻撃したのはアメリカとイスラエルと言われている。衛星と同じく、インターネットの巨大化志向も脆弱性をもたらす原因の一つとなる。北朝鮮は国内のコンピューターのほとんどをインターネットから隔離することによって、スタックスネット以前のウイルスによる攻撃を回避したと言われている。以上のことが示唆するのは、サイバー攻撃は世界が過去数千年にわたって関わってきた技術の新たな形態の一つに過ぎないということである。サイバー戦が将来の紛争で役割を果たすことは疑いない。だが、強力な国家主体は自国を守るだけでなく、システムの乱用者に報復するために豊富な資源を駆使できるであろう。最終的にサイバー戦は毒ガスや対衛星兵器と同類のものとされる可能性が高い。その場合、最も強い国家はお互いに対する攻撃を差し控えるであろうし、弱小国が攻撃を行ったとしてもわずかな効果しか得られないであろう。

　近代戦がもつ非対称性により、古くから存在する投擲武器と衝撃武器の優先順位が逆転しているように思える。歴史的には、弱小国が優勢な敵を待ち伏せするために投擲武器を選び、逆に強国は劣勢な敵に接近して撃破しようとした。力で劣る側はいまだに一撃離脱のために投擲武器を使うことが多い。だが、自らの命を進んで犠牲にする戦闘を受け入れる主体は、衝撃を与えることを目的とする攻撃、つまり自らを含め射程内のあらゆる人命を奪うために敵に近づくことを目指しているようである。これまでにも世界には死をいとわぬ兵士――第二次世界大戦における日本の神風攻撃がすぐに思い浮かぶが――はいたが、この戦術が持続可能かどうかはまだ明らかではない。当然ながら、この方法では人的資源が尽きるというのが理由の一つである。だが、技術だけでは現在の事例がこれまでと異なるか否かは明確にならない。一方先進国は、蛮族がかつて好んだ武器である投擲武器を指向しつつある。近代戦において投擲武器は今や「スタンドオフ兵器」と呼ばれ、「現地に足を踏み入れる（ブーツ・オン・ザ・グラウンド）」危険性を回避するドローンなどのエア・パワーの手段のことをいう。将来戦に向けて開発中の自動化兵器システムと同じく、軍人を危険にさらさず戦いに勝つことを目指す試みは、人間の歴史で前例がないわけではない。

一方がその敵から脅威とみなされる新技術を導入すれば、決闘的技術が進化していくのは疑いない。イラクとアフガニスタンで最近起こったＩＥＤと装甲車両の競争はその例の一つであり、弾道ミサイルと対弾道ミサイルシステムの改良が続いていることも同じである。だが後者の例では、たとえばアメリカの都市に対する核攻撃を企てる国家や組織は、ニューヨークのイースト川に浮かぶ船、あるいはロサンジェルス港やロングビーチ港に入港する貨物船といった、ローテクな運搬プラットフォームを選ぶ可能性が高いであろう。二〇一四年の時点で、アメリカ西海岸にあるこの二つの港はアメリカに運ばれる貨物の約四〇パーセント、およそ七〇〇万個のコンテナを取り扱っているが、そのコンテナに爆弾が仕込まれる可能性がある。ローテクなトロイの木馬は、ハイテクな攻城兵器よりもいまだに優れた選択肢たりうるのである。

同じく巨大化志向についても、核時代に見られた緩やかな衰退がおそらく続くのではないか。技術決定論というレッテルは中身のないままであろう。人間は本質が変わらないかぎり、軍事技術の運命を握る主体であり続けよう。そして、軍事における革命はもちろんのこと、軍事革命もほとんど起こらないであろう。もし、アレクサンドロス大王が現代に甦れば学ぶべきことは多い。だが、本書で検討した概念が出発点になるかもしれない。

訳者解説

人類の戦いの歴史は古い。おそらくは人類の誕生からすでに始まっていたのであろう。その際、人間は素手でも戦ったであろうが、かなり早い時期から武器らしきものを手にしていた。それは動物の骨や木を簡単に加工したものから始まったと考えられるが、そこには何らかの技術が使われていた。こうして生まれた武器は、戦いにも使われたが、当然ながら狩りにも使われたであろう。そのどちらが先であったかは今となっては知る由もない。それゆえ、武器は最初から民生と軍用の双方で使われた「両用技術」ということもできる。

こうして誕生当初から両用技術であった武器を中心に、先史時代から近代にいたる技術の進化と、それが戦争に与えた影響に着目したのが本書である。著者は、アメリカ南部の名門であるデューク大学で長く教鞭を執った歴史学者であり、技術史と軍事史の双方を専門としている。それゆえその双方の分野が重なるこのテーマを扱うには最適任者といえる。

軍事史そのものはアメリカやヨーロッパ諸国では非常に関心の高い分野であり、数多くの著作が出版され、学術的な専門書も少なくない。ただ、社会における関心とは別に、学問としての軍事史の地位は必ずしも高いわけではない。本書でも示唆されているように、歴史家の多くはリベラルな傾向が強く、自らの研究成果を軍事的に利用されることに抵抗がある研究者も多い。

その点、ローランドは海軍士官学校を卒業し、軍事に関する素養があったことも、こうしたテーマに抵抗なく取り組むことができた要因だと考えられる。それゆえ、本書のように技術と戦争の相互作用に着目し、軍事や安全保障の研究者だけでなく、一般読者も対象とした書籍が刊行されたことは貴重である。

本書で一貫する中心的な主張は、技術が戦争の変化を最も説明する変数であるということである。この主張を実証するうえで本書には大きな特徴が二つある。第一に、技術と戦争の相互作用を非常に長い時間軸で描いていることである。技術といえば産業革命以降の進歩を思い浮かべる読者も多いと思うが、本書では先史時代から古代にかけての戦争も含め、より長期的な観点から分析している。そのため、筆者は主に「戦闘（warfare）」という用語を用い、近代国家が出現する前の組織的な戦闘も含めて分析の対象としている。さらに、技術についても抽象的な知識の集合である技術だけでなく、その成果が形となった道路や建築物なども技術に含めて論じている。

この時間軸を陸、海、空、宇宙の戦闘領域に分け、それぞれについて技術の変化を論じている。まず、最も詳しく述べられているのが陸戦である。陸戦は最も古い形態の戦闘であり、最初は歩兵から始まって、技術の進歩とともに弓兵、騎兵が加わっていく。弓矢が石弓、鉄砲へと移り変わり、兵士が戦場へと移動する手段が馬から戦車へと進化しても、この基本的な構成は変わらないという。

火薬が発明され、大砲が登場すると新たな兵科として加わり、これらにはさまざまな組み合わせがあるものの、筆者が言うところの「諸兵科連合パラダイム」によって陸戦は展開されていくことになる。

そして、陸戦における主要な兵科である歩兵と騎兵は、時代の経過とともにその優位が移り変わってきたと筆者はいう。つまり、騎馬やチャリオットなどに乗って戦闘する場合のほうが有利な時代があれば、歩兵がそれに対抗する戦術や武器を装備して、再び優位を取り戻すという周期（サイクル）を繰り返してきた。陸戦の兵科が発展した歴史と、優位の変遷で文明誕生以来の戦闘を大きなスケールで描いている。

さらに、技術の進歩に伴って、陸上だけでなく、海、空、そして宇宙まで戦闘領域が拡大しつつある点も強調している。たしかに、陸上から海上での戦いにおいては、技術の発展は非常にゆっくりとしたペースであり、火薬や蒸気機関の導入によって技術革新のペースが速まるまで、数百年から場合によっては千年単位の時間を要した。

だが、ライト兄弟が動力飛行に成功してから二〇年もせずに第一次世界大戦で空中戦が行われている。また、宇宙については第一次世界大戦が終結してから二五年ほどで、ドイツのＶ２ロケットが宇宙空間に到達する能力を保有するようになっている。それゆえ、陸戦の技術が長年にわたって緩慢に進歩していったのに比べ、近代になって技術革新が加速していることは明らかである。本書の長期的な観点により、技術進歩の速度の変化を鳥瞰（ちょうかん）することが可能となっている。

本書の第二の特徴は、技術と戦争を考えるうえで時間を超越する基本概念を抽出していることである。たとえば、ある新兵器や新技術に直面し、同じ技術や装備を開発して対抗するか（対称戦）、あるいはそれとは異なる技術や戦術をもって対応するか（非対称戦）といった選択を迫られる。本書の事例では、チャリオットという新兵器の導入に対して、各国もそれに倣ってチャリオットを導入するか、あるいはそれに対抗する戦術を生み出すかの二つの選択肢のうち、新たな歩兵戦術が生み出されるまではチャリオットの導入しか道はなかったとされる。

また、武器の性質も敵に近接して使う「衝撃武器」か、あるいは遠距離から攻撃する「投擲武器」という二つの基本的な区分を用いている。剣や斧といった衝撃武器は基本的に強者の兵器であり、敵に接近して確実に打撃を与えることを目的としている。弓矢や投げ槍などの投擲武器は弱者が利用することが多く、主に遠距離から敵に奇襲を加えて一時撤退する「一撃離脱」の戦術に使われた。しかし、この二つの武器の属性も、技術の変化とともに大きく変化しつつあると筆者は指摘する。とりわけ、長距離から敵を攻撃することの可能な「スタンドオフ兵器」の登場により、強者である大国のほうが投擲武器を積極的に使用するようになっている。

さらに、武器の技術を進歩させる原動力についても、二つの概念を用いて明らかにしている。まず、ある技術が進化したがゆえにそれを武器に応用する契機となる、「技術による推進」がある。これは、本書の事例で言えば、蒸気機関が発明されると、それが軍艦の推進機関へと採用され、その動力のおかげで装甲艦へと進歩していった事例が当てはまるであろう。

次に、特定の軍事的役割への需要があるからこそ新技術が生まれたという「需要による牽引」がある。これは、火力の増大という要請に応え、単発式のライフル銃から、クランクを回して連発が可能なガトリング砲へと発展し、さらに速射できるようにガス圧で作動する機関銃へと進歩していった事例が合致しよう。これらの概念は戦争が技術を生み出したのか、あるいは技術が戦争を左右したのかという点を分析するうえでも重要なツールとなろう。

技術と戦争の相互作用に関して、本書で繰り返し強調されているのは、軍用技術が民生技術と密接な関係があり、どちらに起源があっても、いずれ双方で活用されるようになるという歴史的事実である。冒頭にも触れたが、ナイフや弓といった原始的な武器でも、その起源が戦闘なのか、それとも狩猟なのか明確ではない。また、明確に民生技術として開発されたものであっても、蒸気船や飛行機がそうであったように、まもなく軍用にも使われている。

逆に軍用技術も民生に転用され、大きな影響をもたらしているものがある。アメリカの軍事研究から生まれたインターネットや全地球測位システム（GPS）は、いまや現代社会に欠かせない存在になっていることはいうまでもない。さらに、軍用にしか用途がなさそうな技術である火薬であっても花火のように娯楽に使われるケースもあり、また化学兵器のような純粋な兵器でも、催涙ガスというかたちで国内の暴徒鎮圧などで警察に使用されている点を本書は指摘している。それゆえ、本書が強調するのは、民生技術が軍事技術の進歩に寄与しただけでなく、軍事技術の一部は社会にも深く浸透しており、相互に作用しながら発展するものという観点である。

本書の最後では、軍事技術が戦争だけでなく、社会や国家にも革命的変化をもたらしたとする「軍事革命」論についても論じている。本書では、①チャリオット、②火薬、③核兵器・原子力の三つを軍事革命として位置づけ、それぞれの歴史的な意義について論じている。

まず、チャリオットについては、陸戦で初めて登場した兵器プラットフォームであり、多用途に活用された、古代では画期的な兵器であったという。この新兵器により、当時のすべての国家が何らかの対応を迫られた。また、核兵器については広島と長崎で原子爆弾が投下されてその破壊力を示し、原子力は船舶、とりわけ潜水艦の動力として導入されて、常時潜航可能な真の潜水艦をもたらした。その双方が抑止力として機能し、冷戦期の「長い平和」、つまり大国間の戦争不在の状況を作り出した。

そして火薬については、歴史学で注目された軍事革命の概念と関連づけて議論している。火薬の導入により火縄銃がもたらされ、その結果として歩兵の地位が高まり、支配階級であった騎士の没落が決定的となった。そして、軍隊の規模が大きくなるとともに、国家の行政機構の変革がもたらされ、それが近代国家の成立につながったとする学説である。

本書で触れられているジェフリ・パーカーの著作『長篠合戦の世界史』は邦訳されているが、ヨーロッパの軍事革命を日本の戦国時代の分析にも用いている。火縄銃の導入により、足軽の重要度が高まり、相対的に騎馬の役割が低下した。その結果として、軍隊の規模が大きくなり、兵站や行政といった面でも変革がもたらされたという。そして、長篠の戦いという画期的な戦闘で騎馬武者の時代は終わりを迎えることになった。軍事革命は、必ずしも歴史学の主流ではない軍事史の研究者が、軍事技術の変化を中心に歴史の大きな流れを論じた点で画期的であった。

さらに本書では、歴史学における軍事革命とは別に、アメリカの政策担当者を中心に注目された「軍事における革命（RMA）」についても論じている。RMAは歴史学における軍事革命論を参考にしつつ、アメリカの軍事技術が革命的な変化をもたらしつつあり、それをいかに実現するかという観点から提起された概念である。その概念をめぐる論争は一九九〇年代から二〇〇〇年代に最高潮を迎え、二〇一〇年代には終息したと筆者は述べている。

たしかに、軍事革命とRMAは当時のアメリカの政権によって注目され、その政治的なスローガンとして使われたことで、実務家のみならず、研究者からもにわかに注目を集めた。その結果、政治的な熱狂が覚めると、その関心もたしかに薄れていったように見える。

だが、訳者にはRMAが一時的なブームにとどまらない、より持続的な価値をもつ概念のように思える。アメリカでRMAが初めて明示的に打ち出されたのは、一九九〇年代後半のクリントン政権であり、それ以降、この用語は人口に膾炙(かいしゃ)するようになった。その後、ブッシュ政権では、RMAという名称は引き継がなかったものの、「アメリカ軍の変革(Force Transformation)」と称して、まさに次世代をスキップして、次々世代の軍事力を目指すスローガンが使われた。この時代こそが本書でも指摘されているRMAの絶頂期であろう。

では、ブッシュ政権以降、RMAへの関心が完全に失われたのであろうか。必ずしもそうではない。バラック・オバマ大統領の政権でも、アメリカの技術力を高め、その優位を強化しようとする取り組みである「オフセット」戦略が打ち出された。

オフセット戦略とは、冷戦期に軍事力の量で優るソ連に対し、アメリカの軍事力の質、つまり技術的優位を利用して、ソ連の量的優位を相殺(オフセット)した戦略をいう。冷戦期には、主に戦術核兵器と精密誘導兵器という二つの軍事技術でソ連の優位を相殺した。

精密誘導兵器はまさにRMAの根幹であるが、それによる優位が揺らいでいるとしてオバマ政権で打ち出されたのが「第三のオフセット戦略」である。この戦略のもとでは、ロボット、人工知能、レーザーなどが戦い方を革命的に変化させる技術として注目された。

つまり、軍事技術による革命的な変化を目指すRMAの議論は、一九九〇年代の半ばから現在まで、ほぼ二十年にわたって名称を変えながらも続けられていることになる。これは、技術革新のペースが速まり、グローバル化によって技術が拡散するなかで、いかにアメリカの技術的優位を維持し、その差を広げていくか、という政策課題が底流にあると考えられる。それゆえ、看板は変わっても同じような内容が今後も主張されると予想される。

さらに、RMAをめぐる議論は単純な先端技術の追求にとどまらない。本書でも指摘されているように、技術は必ずしも常に軍事的優位をもたらしてきたわけではなかった。同じ技術にアクセスできても、それを効果的に用いて軍事能力の向上に成功する国家もいれば、逆にその導入に失敗した国家も存在する。

むしろRMAをめぐる論争で注目を集めたのは、後進国が技術で優る国家に対して革新的な技術を導入して軍事的優位を獲得した事例であった。たとえば、第二次世界大戦で戦車を中心とする電撃戦でヨーロッパを席巻したドイツは、戦車の開発では後発であった。第一次世界大戦後に再軍備が禁止されている戦間期にその開発に成功したものの、第二次世界大戦の開戦時でもドイツの戦車は速度では優れていた一方で、武装や装甲の面ではイギリスやフランスの戦車に劣っていた。それゆえ、ドイツが電撃戦に成功したのは技術そのものではなく、戦車を中心とした戦術、組織、運用構想などによるところが大きいと指摘されている。

こうした事例は、技術と戦争のより複雑な関係を示している。本書でも繰り返し決闘の例えが出てくるが、決闘、つまり戦争の相手は知性をもち、あらゆる手段でこちらを打倒しようとしてくる敵である。こちらに優れた技術があれば、対抗する技術を開発するか、それが無理であれば戦術や作戦で対抗しようとするであろう。つまり、技術は勝敗を左右する数多くの要素の一つに過ぎず、あらゆる要素を総合した結果として戦争の帰趨は決まるのである。

だが、革命的技術の追求は今後も続くであろう。技術革新が加速し、安全保障に対する影響が大きくなるにつれ、民間のイノベーションを防衛分野にも採り入れる必要性が高まっている。冷戦期には軍が野心的な技術開発に巨額の予算を投入し、その結果としてインターネットやGPSのような革新的な技術を生み出したことはたしかである。しかし、二一世紀においても同じことが言えるかどうか定かではない。

グーグル、アマゾン、アップル、フェイスブックといったハイテク企業が政府による研究開発に匹敵する投資をしており、それらの大企業が生み出すイノベーションのペースは加速している。さらに、グローバル化の影響で最新技術が拡散しており、いかなる国家や非国家主体でもアクセスしやすくなっている。それゆえ、むしろ各国の国防当局がいかに民間のイノベーションをいち早く察知し、それらを採り入れるかが重要になってきている。

その証左に、日本でも防衛省が先進的な民生技術についての基礎研究を公募・委託する「安全保障技術研究推進制度」を二〇一五年から開始している。これは、大学などの研究機関の革新的、独創的な知見を得るための競争的資金制度であり、先進的な民生技術を積極的に活用することは、日本の安全保障を確保するうえでも重要との認識がこの制度の背景にある。

この点でも本書が繰り返し指摘するように、軍民双方の技術は歴史を通じて密接な関係にある。それが近年の技術革新のペースの速さとあいまって、その関係はますます緊密不可分なものになりつつある。それゆえ、両用技術の移転を輸出管理などで制限しようとする試みは、より重要な意味をもつものの、その実施はさらに困難になると考えられる。

最後に、日本における技術と戦争の研究を踏まえて本書の意義を考えてみたい。軍事や安全保障全般に言えることであるが、日本ではアメリカやヨーロッパと比較すると先行研究の蓄積が少ない。とはいえ、良質の研究成果も存在する。たとえば、道下徳成「技術と戦争」加藤朗・長尾雄一郎・吉崎知典・道下徳成著『戦争――その展開と抑制』（勁草書房、一九九七年）は欧米の先行研究について詳細なサーベイを行っており、学術的な研究を深める手引きとなる。また、最近刊行された著作として、道下徳成編著『「技術」が変える戦争と平和』（芙蓉書房出版、二〇一八年）は、最新技術が将来戦にいかなる影響を与えるかという観点から各分野の専門家が分析しており、非常に重要な貢献であろう。

だが、このテーマに関する学術研究については緒に就いたばかりであり、さらなる研究成果が待たれる。それゆえ、初学者にとっては必然的に英語の文献が中心になるため敷居が高いかもしれないが、幸い本書の巻末に挙げられている参考文献の一部が邦訳されており、それらを手がかりに研究を進めていくのも一案であろう。

壮大な歴史的スケールで戦争と技術の関係を解き明かす本書の翻訳作業は、勤務先である防衛研究所の理解なくしては不可能であった。防衛研究所は日本における安全保障研究の中心であり、優れた同僚に囲まれていることが非常に刺激になっている。とくに、同僚の石津朋之氏は今回の翻訳プロジェクトの中心であり、彼の尽力なくして本書の出版はなかったであろう。シリーズ戦争学入門の先陣を切って素晴らしい訳書を世に出した前田祐司氏と、防衛研究所を代表する中東研究者の西野正巳氏にも貴重なコメントと示唆を受けた。

また、二〇一八年夏から二〇一九年末まで在外研究を行ったダートマス大学ディッキー国際理解センターでは、図書館の利用や同僚からの助言を含め、有形無形の支援を受けた。とくに、ダリル・プレス氏とジェニファー・リンド氏夫妻には、理想的な研究環境を用意していただき、公私両面にわたって手厚くサポートして下さったことに感謝したい。さらに、アメリカ空軍大学のジェームズ・プラティ氏には難解な用語や文章の訳出の手助けをしてもらった。だが、誤訳やミスについてはひとえに訳者個人の責任であり、読者諸氏の批判を今後の糧にしたいと考えている。

さらに、本書のような入門書とはいえ、軍事や戦争に関する専門書をシリーズ化して翻訳・出版するという、創元社の英断を称えたい。とくに、同社の堂本誠二氏には本書のプロジェクトの開始から、訳文の丁寧なチェックも含め、さまざまな面でご尽力いただいた。改めて御礼を申し上げたい。

最後に、筆者はアレクサンドロス大王が現代に甦ったら技術と戦争を考える手引書となることを目標に本書を執筆したという。訳者としては、筆者の狙いにかなった内容になっているかどうかは読者の判断に委ねたい。だが、この邦訳が日本の読者にとって技術と戦争という重要なテーマにいささかなりとも関心をもつ契機になれば望外の喜びである。

二〇二〇年五月

塚本勝也

用語集

一撃離脱（pounce and flee）：待ち伏せを参照。

技術決定論（technological determinism）：次の二つの用法で使われる修辞的なレッテルのこと。第一に、技術決定論は技術単独で歴史的な顚末を決定的に左右するという意味がある。第二に、技術は経路独立的であり、ある一つの最良の構成へと一直線の発展経路をたどるという意味にもなりうる。

技術的障壁（technological ceiling）：ある技術、あるいはシステムにおいて、一つないし複数の構成要素が不適切なために生じた制約のこと。原子力が登場するまで真の潜水艦は実現不可能であった。

技術的推進力（momentum）：歴史家のトーマス・P・ヒューズが技術決定論に代わるものとして提唱した概念。技術的推進力により、一部の技術が現行形態でインフラに受け入れられ、時間の経過とともに次第に優勢となり、その技術的パラダイムを人間の力で変えることが困難になる。アメリカによる軽水炉型原子炉の受容はその事例の一つである。

技術的停滞（technological stasis）：重要なイノベーションがほとんど起こらず、技術開発が止まった状況。

技術による推進（technology push）（需要による牽引も参照）：この状況は、技術的能力を基に応用の検討が促される場合に起こる。たとえば、蒸気による推進力が得られたことによって海軍艦艇は変容した。

騎兵・歩兵周期（cavalry-infantry cycle）：陸戦において騎兵と歩兵の優位が変遷すること。

巨大化志向（gigantism）：より多い、あるいはより大きいことは良いとする信念に基づき、技術の規模や力が拡大していくこと。

軍事革命（military revolution）：国家間の軍事紛争を再定義するだけでなく、国家と強制力へのアクセスの関係を変化させて歴史の流れをも変える、重大かつ広範囲におよぶ戦闘の変化のこと。本書は、①チャリオット、②火薬、③原子兵器・核兵器の三つを軍事革命とみなしている。

軍事における革命（revolution in military affairs）：一九九〇年代から二〇〇〇年代にかけてのアメリカにおける

軍事理論の一つ。この理論は、アメリカの通常兵器の軍事技術、とりわけコンピューターやコンピューター・ネットワークのようなハイテクの進歩により、アメリカは戦場において不動の優位を手にすると主張していた。二〇一〇年代にはこの理論に対する熱意が失われた。

経路依存性（path dependence）：技術の成熟した形がその開発過程によって大きく左右される場合、技術が経路依存的であるという。ある問題に対して最良の技術的解決策が一つだけ存在し、どのような開発過程の経路をとってもそれが実現されるのが経路独立的ということである。後者は技術決定論に近い。

決闘的技術（dueling technologies）：相互に進化していく能力に対応するうちに双方向的に発展した技術のこと。要塞とそれに対する攻城技術はその事例の一つである。

システム・オブ・システムズ（system of systems）：複数の技術、あるいは技術集成品が統合されたかたちで組み合わさり、個々の構成部分がもつ能力よりも大きな能力を発揮するようになったもの。たとえば、最も基本的な蒸気船であっても、蒸気発生器、熱を機械的エネルギーに転換する機械、そして機械的エネルギーを推進力に変えるための何らかの推進装置が必要である。

終結（closure）（ロックインと技術的推進力も参照）：複数の技術的経路のうちの一つにより、競争が事実上消滅するかたちで市場の独占を達成する点をいう。科学技術に関する社会学に由来する用語。

需要による牽引（demand pull）（技術による推進も参照）：一部の能力への需要で促された技術開発のこと。「必要は発明の母」である。

衝撃武器（shock weapons）（投擲武器も参照）：剣、槍、銃剣など、敵に近接して使う必要のある武器のこと。海上では、「衝角などによる」体当たりや斬り込みは衝撃戦術である。

諸兵科連合パラダイム（Combined-Arms Paradigms）：個々の武器や戦闘形態は国家によって大きく変わるものの、すべての戦争当事者が同じ種類の武器の組み合わせで戦う陸戦の時期のこと。チャリオット革命以後、野戦は騎兵と歩兵の組み合わせによって行われた。火薬革命ののちには野戦砲兵が第三の兵科としてこのパラダイムに加わった。

対抗技術（counter technology）：別の軍事技術の効果を無効にする、あるいは逆効果にすることを目的とした軍事技術。

対称技術（symmetrical technologies）：兵器、非兵器軍事技術で、敵の技術と相似したもの。

炭素時代（Carbon Age）：軍事力のエネルギー源を基準とする二番目の時代のこと。この時代はおよそ一四〇〇年から一九四五年まで続き、筋力の時代と原子力の時代の間に位置する。炭素時代には、火力と内燃機関を動力とする機械があらゆる戦闘領域の中心であった。

適正技術（appropriate technology）：普遍的な技術はほとんど存在しない。技術が成功を収めるには、ほとんどの場合において適正であること、つまり、それらが適用される時間、環境、条件、用途に合致していることが必要である。たとえば、ガレー船は沿岸海域で能力を発揮したが、外洋に乗り出すことは不可能であった。

投擲（とうてき）武器（missile weapons）（衝撃武器も参照）：敵との接触を要さずに遠距離から攻撃する武器のこと。「スタンドオフ兵器」としても知られる。

能力欲（capability greed）：兵器や装備に高価な部品を取り付け、不必要な機能を追加する軍事組織の性質。歴史家のブレア・ヘイワースが命名した。

非対称技術（asymmetrical technologies）：双方が兵器技術と非兵器技術の両面で大きく異なる戦闘手段を用いて武力紛争に関与している特定の状況のこと。たとえば、第二次世界大戦以降、空母は従来の主力艦「である戦艦」に対して非対称的な優位、つまり艦砲の射程に入る前に戦艦を攻撃する能力を享受した。

非兵器技術（non-weapons technologies）：人間や物を直接的に攻撃せずに、戦闘を支援する軍事技術のこと。

兵器システム（weapon system）**：**複数の構成技術、あるいは技術集成品から構成される、攻撃ないし防御のための技術のこと。たとえば、騎士や移動式野砲のように、あらゆる兵器プラットフォームは兵器システムである。

兵器プラットフォーム（weapon platform）**：**武器、あるいは兵器システムを搭載した乗物のこと。チャリオット、戦車、船舶、飛行機、宇宙船はすべて兵器プラットフォームたりうる。

待ち伏せ（ambush）**または一撃離脱**（pounce and flee）**：**弱者が強者に対してとることの多い、投擲武器を用いた戦術。攻撃側がしばしば集団で敵を奇襲し、自分の身を危険にさらすことなく最大限の損害を与える。その後に、敵が反応する前か、増援を得る前に撤退する。

両用（dual-use）**：**技術で軍民両用のものをいう。

ロックイン（lock in）**：**経済学の用語であり、製品の生産者がある特定の技術を選択して大きく投資した（埋没費用（サンクコスト））結果、別の選択肢に立ち戻ることが事実上不可能とみなされる点を指す。終結や技術的推進力も参照。

クレフェルト『補給戦——何が勝敗を決定するのか』中央公論新社、2006年）

van Creveld, Martin. *Technology and War: From 2000 B.C. to the Present*. New York: Free Press, 1989.

Waldron, Arthur. *The Great Wall of China: From History to Myth*. Cambridge, UK: Cambridge University Press, 1989.

White, Lynn, Jr. *Medieval Technology and Social Change*. New York: Oxford University Press, 1962.（リン・ホワイト・Jr著／内田星美訳『中世の技術と社会変動』思索社、1985年）

Whitehead, Alfred North. *Science and the Modern World*. New York: Macmillan, 1941.（A・N・ホワイトヘッド著／上田泰治・村上至孝訳『ホワイトヘッド著作集　第6巻 科学と近代世界』松籟社、1981年）

Winner, Langdon. *Autonomous Technology: Technics-Out-of-Control as a Theme in Political Thought*. Cambridge, MA: MIT Press, 1977.

Putnam, 1956.
O'Connell, Robert L. *Of Arms and Men: A History of War, Weapons and Aggression*. New York: Oxford University Press, 1989.
O'Connell, Robert L. *Soul of the Sword: An Illustrated History of Weaponry and Warfare from Prehistory to the Present*. New York: Free Press, 2002.
Parker, Geoffrey. *The Military Revolution: Military Innovation and the Rise of the West, 1500-1800*. 2nd ed. Cambridge, UK: Cambridge University Press, 1996.（ジェフリ・パーカー著／大久保桂子訳『長篠合戦の世界史――ヨーロッパ軍事革命の衝撃 1500～1800 年』同文館、1995 年）
Piggott, Stuart. *Wagon, Chariot, and Carriage: Symbol and Status in the History of Transport*. New York: Thames & Hudson, 1992.
Pinker, Steven. *The Better Angels of Our Nature: Why Violence Has Declined*. New York: Penguin, 2011.（スティーブン・ピンカー著／幾島幸子・塩原通緒訳『暴力の人類史 上・下』青土社、2015 年）
Polybius. *The Histories of Polybius*. Translated by Evelyn S. Shuckburgh. London: Macmillan, 1889.（ポリュビオス著／城江良和訳『ポリュビオス 歴史 第1～4巻』京都大学学術出版会、2004、2007、2011、2014 年）
Roberts, Michael. *Essays in Swedish History*. London: Weidenfeld & Nicolson, 1967.
Rogers, Clifford. "The Idea of Military Revolutions in Eighteenth and Nineteenth Century Texts." *Revista de História das Ideias* 30（2009）: 395-415.
Rogers, Clifford., ed. *The Military Revolution Debate: Readings on the Transformation of Early Modern Europe*. Boulder, CO: Westview, 1995.
Rogers, Clifford. "The Military Revolutions of the Hundred Years' War." *Journal of Military History* 57（April 1993）: 241-78.
Rogers, Will. *New York Times*, 23 Dec. 1929.
Roland, Alex. *The Military-Industrial Complex*. Washington, DC: American Historical Association, 2001.
Roland, Alex. *Underwater Warfare in the Age of Sail*. Bloomington: Indiana University Press, 1978.
Smith, Merritt Roe, ed. *Military Enterprise and Technological Change: Perspectives on the American Experience*. Cambridge, MA: MIT Press, 1985.
van Creveld, Martin. *Supplying War: Logistics from Wallenstein to Patton*. Cambridge, UK: Cambridge University Press, 1977.（マーチン・ファン・

Military Doctrine, and the Development of Weapons. New Haven, CT: Yale University Press, 1953.

Jomini, Baron Antoine-Henri. *Treatise on Grand Military Operations*. Translated by S. B. Holabird. New York: Van Nostrand, 1865, 1:252.

Keeley, Lawrence H. *War before Civilization: The Myth of the Peaceful Savage*. New York: Oxford University Press, 1996.

Kern, Paul Bentley. *Ancient Siege Warfare*. Bloomington: Indiana University Press, 1999.

Landels, J. G. *Engineering in the Ancient World*. 2nd ed. Berkeley: University of California Press, 2000.（J・G・ランデルズ著／宮城孝仁訳『古代のエンジニアリング――ギリシャ・ローマ時代の技術と文化』地人書館、1995年）

Landers, John. *The Field and the Forge: Population, Production, and Power in the Pre-Industrial West*. New York: Oxford University Press, 2003.

Lee, Wayne E. *Barbarians and Brothers: Anglo-American Warfare, 1500-1865*. New York: Oxford University Press, 2011.

Lee, Wayne E. *Waging War: Conflict, Culture, and Innovation in World History*. New York: Oxford University Press, 2016.

Lynn, John A., ed. *Feeding Mars: Logistics in Western Warfare from the Middle Ages to the Present*. Boulder, CO: Westview, 1993.

Lynn, John A., ed. *Tools of War: Instruments, Ideas, and Institutions of Warfare, 1445-1871*. Urbana: University of Illinois Press, 1990.

Mao Zedong. *On the Protracted War*. Beijing: Foreign Languages Press, 1954.（毛沢東著「持久戦について」中国共産党中央委員会毛沢東選集出版委員会編『毛沢東選集　第二巻』外文出版社、1968年）

McDougall, Walter A. *...The Heavens and the Earth: A Political History of the Space Age*. New York: Basic Books, 1985.

McNeill, William H. *The Pursuit of Power: Technology, Armed Force, and Society since A.D. 1000*. Chicago: University of Chicago Press, 1982.（ウィリアム・H・マクニール著／高橋均訳『戦争の世界史――技術と軍隊と社会』刀水書房、2002年）

McNeill, William H. *The Rise of the West: A History of the Human Community*. Chicago: University of Chicago Press, 1963.

Millis, Walter. *Arms and Men: A Study in American Military History*. New York:

London: Thames & Hudson, 1985.（アーサー・フェリル著／鈴木主税・石原正毅訳『戦争の起源——石器時代からアレクサンドロスにいたる戦争の古代史』河出書房新社、1988 年）

Gaddis, John *Lewis. The Long Peace: Inquiries into the History of the Cold War*. New York: Oxford University Press, 1987.（ジョン・L・ギャディス著／五味俊樹・坪内淳・宮坂直史・太田宏・阪田恭代訳『ロング・ピース——冷戦史の証言「核・緊張・平和」』芦書房、2002 年）

Gat, Azar. *War in Human Civilization*. New York: Oxford University Press, 2006.（アザー・ガット著／石津朋之・永末聡・山本文史監訳／歴史と戦争研究会訳『文明と戦争 上・下』中央公論新社、2008 年）

Hacker, Barton C., with the assistance of Margaret Vining. *American Military Technology: The Life Story of a Technology*. West Port, CT: Greenwood, 2006.

Hale, John R. *Lords of the Sea: The Epic Story of the Athenian Navy and the Birth of Democracy*. New York: Viking, 2009.

Hall, Bert S. *Weapons and Warfare in Renaissance Europe*. Baltimore: Johns Hopkins University Press, 1997.（バート・S・ホール著／市場泰男訳『火器の誕生とヨーロッパの戦争』平凡社、1999 年）

Hanson, Victor Davis, *The Western Way of War: Infantry Battle in Classical Greece*. 2nd ed. Berkeley: University of California Press, 2000.

Haworth, Blair. *The Bradley and How It Got That Way: Technology, Institutions, and the Problem of Mechanized Infantry in the United States Army*. Westport, CT: Greenwood, 1999.

Headrick, Daniel R. *Power over People: Technology, Environments, and Western Imperialism, 1400 to the Present*. Princeton, NJ: Princeton University Press, 2010.

Headrick, Daniel R. *The Tools of Empire: Technology and European Imperialism in the Nineteenth Century*. New York: Oxford University Press, 1981.（D・R・ヘッドリク『帝国の手先——ヨーロッパ膨張と技術』日本経済評論社、1989 年）

Heather, Peter. *Empires and Barbarians*. London: Macmillan, 2009.

Hogan, *Michael. A Cross of Iron: Harry S. Truman and the Origins of the National Security State, 1945-1954*. New York: Cambridge University Press, 1998.

Holley, I. B. *Ideas and Weapons: Exploitation of the Aerial Weapon by the United States during World War I; A Study in the Relationship of Technological Advance,*

参考文献リスト

Adas, Michael. *Machines as the Measure of Men: Science, Technology, and Ideologies of Western Dominance*. Ithaca, NY: Cornell University Press, 1989.

Anderson, J. K. *Hunting in the Ancient World*. Berkeley: University of California Press, 1985.

Basalla, George. *The Evolution of Technology*. New York: Cambridge University Press, 1988.

Black, Jeremy. *A Military Revolution? Military Change and European Society, 1550-1800*. Atlantic Highlands, NJ: Humanities Press International, 1991.

Chase, Kenneth. *Firearms: A Global History to 1700*. Cambridge, UK: Cambridge University Press, 2003.

Cipolla, Carlo. *Guns, Sails and Empires: Technological Innovation and the Early Phases of European Expansion, 1400-1700*. New York: Minerva, 1965.（C・M・チポラ著／大谷隆昶訳『大砲と帆船――ヨーロッパの世界制覇と技術革新』平凡社、1996 年）

Davis, R. H. C. *The Medieval Warhorse: Origin, Development and Redevelopment*. London: Thames & Hudson, 1989.

Drews, Robert. *The End of the Bronze Age: Changes in Warfare and the Catastrophe ca. 1200 B.C.* Princeton, NJ: Princeton University Press, 1993.

Edgerton, David. *The Warfare State: Britain, 1920-1970*. Cambridge, UK: Cambridge University Press, 2006.（D・エジャトン著／坂出健監訳／松浦俊輔・佐藤秀昭・高田馨里・新井田智幸・森原康仁訳『戦争国家イギリス――反衰退・非福祉の現代史』名古屋大学出版会、2017 年）

Ellis, John. *The Social History of the Machine Gun*. New York: Pantheon, 1975.（ジョン・エリス著／越智道雄訳『機関銃の社会史』平凡社、2008 年）

Engels, Donald W. *Alexander the Great and the Logistics of the Macedonian Army*. Berkeley: University of California Press, 1978.

Ferrill, Arther. *The Origins of War: From the Stone Age to Alexander the Great*.

や行

ら・わ行

ま行

は行

な行

た行

さ行

か行

索　引

●著者……………………………………………………………

アレックス・ローランド (Alex Roland)

デューク大学歴史学部名誉教授。海軍士官学校卒業。ハワイ大学マノア校修士課程、デューク大学博士課程修了(Ph. D.)。専門は軍事史、技術史。著書には、『戦略的コンピューティング――DARPAと機械的インテリジェンスの追求、1983～1993年』、『航路――アメリカの海洋史再考、1600～2000年』などがある。

●訳者……………………………………………………………

塚本勝也(つかもと・かつや)

防衛省防衛研究所理論研究部社会・経済研究室長。筑波大学卒業、青山学院大学大学院を経て、フルブライト奨学生としてタフツ大学フレッチャー法律外交大学院留学。同修士、博士課程修了(Ph. D.)。共訳書:『戦略の形成――支配者、国家、戦争』(中央公論新社、2007年)、『エドワード・ルトワックの戦略論』(毎日新聞社、2014年)などがある。

●シリーズ監修……………………………………………………

石津朋之(いしづ・ともゆき)

防衛省防衛研究所戦史研究センター長。著書・訳書:『戦争学原論』(筑摩書房)、『大戦略の哲人たち』(日本経済新聞出版社)、『リデルハートとリベラルな戦争観』(中央公論新社)、『クラウゼヴィッツと「戦争論」』(共編著、彩流社)、『戦略論』(監訳、勁草書房)など多数。

シリーズ戦争学入門

戦争と技術

2020年6月30日　第1版第1刷発行

著　者……アレックス・ローランド

訳　者……塚本勝也

発行者……矢部敬一

発行所……株式会社 創元社

〈ホームページ〉https://www.sogensha.co.jp/

〈本社〉〒541-0047 大阪市中央区淡路町4-3-6

Tel.06-6231-9010(代)

〈東京支店〉〒101-0051 東京都千代田区神田神保町1-2 田辺ビル

Tel.03-6811-0662(代)

印刷所……株式会社 太洋社

ISBN978-4-422-30077-1 C0331